农业院校战略管理实践教学指引

NONGYE YUANXIAO ZHANLÜE GUANLI
SHIJIAN JIAOXUE ZHIYIN

石巧君　主编

中国农业出版社
北京

主　编：石巧君

副主编：李林凤　易朝辉

参　编：于洪霞　陈春霞　石巧英

前　　言

　　这是一本面向本科生的教材，编写目的是让学生在理解战略管理学科基本内容和经典逻辑的基础上进行理论和方法应用，在分析和解决问题中引导学生探究，达到知行悟合一。

　　战略管理学科的教学特点在于，战略从决策到实施落地再到获得成效通常需要一段长时间的过程。在有限的教学周期内，学生只能观察到实际企业战略管理局部的活动，更由于战略决策的全局性、高阶性，本科生很难参与具体企业战略决策实践，于是企业战略管理成功或失败的实例、案例归纳成为学习常态。

　　随着乡村振兴战略从政策层面向实践层面转化，农业院校的战略管理课程教学被赋予了新的使命。为了让学生具备服务涉农企业的战略规划实践技能，农业院校必须打破"重理论、轻实践"的教学模式，在第一课堂理论教学基础上，拓展和延伸以农业综合背景训练为主题的实践教学第二课堂，通过研习涉农企业的实际案例，搭建战略管理理论知识应用于农业发展规划实践的桥梁。然而，根据实际调研和教学经验可知，无论是战略管理实验还是实训，现有教材多存在重理论阐述、轻实践指导，重工业、轻农业，重案例解析、轻思维训练的问题。目前非常缺乏实践案例适合农业院校、操作性强的战略管理实践指引类教材，导致农商实践教学缺乏必要的支撑和引导，培养具备战略思维和管理创新应用能力的乡村高级管理人才乏力，亟须探索编写新的实践指引教材。本教材的特点集中在以下三点：

　　第一，作为面向工商类本科生的教材，它展现战略管理学科常识和经典逻辑，力求在充分介绍经典理论框架和工具的基础上，突出强调实务及其在国内背景下涉农领域的实践应用。

　　第二，本教材选取典型农业经营组织作为分析和实践对象，从实例感知、竞争实训、战略调研、前沿追踪等方面突出农商特色，组织实践教学内容。从结合实例探究洞察涉农企业战略，到竞争模拟锻炼战略管理技能，再到涉农实践调研判断、谋划、解决实际战略问题，最后进阶到根据新闻追踪领悟实际企业战略行为和战略意图。

第三，本教材提出适合农业院校复合应用型人才培养要求的"大纲规范、特色鲜明、复合进阶"的实践教学改进策略。教材基于"以点带面、多课堂结合"设计实践环节，应用理论知识分析、解决企业战略问题，实现探究性和实践性学习课堂延伸。

本教材编写人员以湖南农业大学涉农研究中心成员为主，联合了部分农业院校长期从事战略管理教学及实践的教师共同编写。湖南农业大学石巧君副教授负责本书的思路设计、结构安排、撰写指导、全书统稿和各章节修订，并编写了第二章，参与了第三、第四章部分内容编写；湖南农业大学李林凤博士编写了第一章及第四章大部分内容；湖南农业大学易朝辉博士编写了第三章大部分内容；内蒙古农业大学于洪霞副教授、仲恺农业工程学院陈春霞副教授、东莞粤丰环保电力有限公司财务经理石巧英参与了本书提纲的研讨和全书的修订，并进行了相关资料收集整理；湖南农业大学本科生谷彩娟（2018 级工商管理专业，现法国图卢兹第一大学商业数据分析专业研究生）、吕全琳（2020 级 ACCA 专业）参与了本书资料的收集和整理。

本教材的编写参阅、吸收了国内外大量企业战略管理实训及实践案例相关内容的最新研究成果，限于篇幅未能一一标出，在此对原著者的贡献一并表示衷心感谢！本教材最终得以与读者见面，要感谢湖南农业大学商学院和中国农业出版社提供的机会；还要感谢湖南省和湖南农业大学一流本科课程建设规划和经费支持，在此一并表示感谢！

目 录

第一章

涉农企业战略感知[①]

1.1 愿景与使命陈述

1.1.1 企业愿景陈述

(1) 企业愿景及企业愿景陈述的定义

企业愿景（Vision）是企业向往实现的未来景象，是企业期望达到的一种状态，它回答了"我们要成为什么"这一重要问题。企业愿景陈述（Vision Statement）是企业对未来长期发展观点的简单陈述，如果一个企业不能清晰准确地陈述出企业发展的未来愿景，那么就很有可能意味着它并不清楚如何满足重要顾客的需求及如何战胜竞争对手等关键问题，自然也无法有效制定并实施企业战略，完成企业管理的长期目标。因此，明确企业愿景往往是企业发展的重要基础，它指引着企业向更加光明的未来前进。

(2) 企业愿景陈述的内容

企业愿景多是企业对未来的展望，但并不体现展望实现的具体路径和方法，具体而言，它应当包括三个方面的内容：①企业未来的发展方向和经营范围；②企业将要满足顾客的哪些需求，满足这些需求所需要具备的能力；③企业期望涉足的产业或达到的市场地位。

而企业愿景陈述作为表达企业愿景的重要途径，应当具有高度的概括性和异质性，必须突出企业发展的愿景目标、经营风格和经营理念，语言文字简练、鲜明，具有清晰（Clear）、持久（Consistent）、独特（Unique）和服务（Serving）等主要特征。

---

① 参考文献：谢佩洪，战略管理，复旦大学出版社，2014 年；李怀勇，张芬霞，战略管理，上海大学出版社，2016 年；李振福，孙忠，战略管理：企业持续成长的理论，中国市场出版社，2018 年；吴丹，企业战略管理，河海大学出版社，2010 年；王怀栋，战略管理，暨南大学出版社，2012 年；蔡维琼，陶佳鹏，企业战略管理，吉林大学出版社，2015 年。

1.1.2 企业使命陈述

(1) 企业使命及企业使命陈述的定义

如果说企业愿景是企业使命（Mission）制定的基础，那企业使命就是企业愿景落地实施的最好保证。企业使命是一个企业在市场经营中的总定位，它描述了一个组织在社会中为顾客生产产品和提供服务的基本功能，它决定了一个企业"做什么"和"不做什么"的重要问题。管理大师彼得·德鲁克曾经说过，思考并确立一个明确的企业总体使命，应是企业家的首要责任和义务。他进一步指出，一个企业不是由它的名字、章程和条例来定义的，企业只有具备了明确的使命和愿景，才可能制定明确而现实的战略目标。因此，企业使命代表了企业存在的根本价值，没有企业使命，企业就丧失了存在的价值和意义。

(2) 企业使命陈述的内容

一个企业的使命应当有一个正确的表述，对企业使命的表述通常称为企业使命陈述（Mission Statement）。企业使命陈述是企业明确经营重点、制定战略计划和配置重要资源的基础，也是分配任务、设计企业管理工作岗位和设计组织结构的出发点。各企业在使命陈述上虽各不相同，但有效的企业使命陈述多包含以下九个要素。①经营哲学：企业对经营活动所确定的价值观、基本信念和行为准则；②顾客：准确定位企业的顾客；③员工：企业在多大程度上把员工当作最宝贵的资产；④市场：清晰描述企业开展业务的地域；⑤产品或服务：正确定义核心产品或服务内容；⑥技术：准确描述企业服务顾客的技术；⑦自我认知：准确描述企业在市场竞争中获得竞争优势的独特能力；⑧成长和利润：企业怎样实现核心业务的成长和确保稳健的盈利水平；⑨社会责任：清晰表述企业对所在社区和周边环境应当承担的责任。

对于任何一个企业而言，都不存在最好的使命陈述，领导层在制定企业的使命，并进行企业使命陈述的过程中，需要充分考虑以上九个要素，并结合企业所处的市场环境，拟定清晰、准确且富有弹性的战略使命，这样才能激发使命对企业发展的重要作用。

1.1.3 战略目标制定

(1) 战略目标的定义

对于一个企业而言，愿景与使命仍是具有抽象性特征的意识层面指引，在完成企业的愿景及使命陈述后，战略管理的下一项任务就是明确战略目标。战略目标（Strategic Objective）是企业在一定时期内，根据企业外部环境变化和内部条件可能，意图实现的一种理想成效。战略目标是对企业使命的具体化与明确化，反映了企业在一定时期内经营活动的方向和所达到的水平，如市场份额、利润率、生产率等，其需要有具体的数量特征和时间界限，一般为3～5年或更长。战略目标一般要回答以下三个基本问题：企业现在处在什么位置？企业要到哪里去？怎样才能到达目的地？

（2）战略目标的分类

具体有效的战略目标有利于战略的制定与执行，其存在多种分类方式（表1-1）。

表 1-1　战略目标的分类

分类依据	类型	定　义
时间	长期目标	预计完成时间超过1年的战略性、综合性目标
	短期目标	预计完成时间不超过1年的战术性、具体性目标
组织层次	总体目标	企业的战略管理者为企业规划的最高目标
	职能目标	企业各部门按照总体目标为本部门制定的目标
	基层目标	部门中每个岗位和个人依据职能目标制定的目标
内容	市场目标	企业将来必须获得极具价值的顾客群，可进一步细分为产品目标、渠道目标和沟通目标
	盈利目标	企业经营的根本目标，是衡量企业利用资源效率和经营活动成败的标准，可进一步细分为资本使用目标、人力资源目标和生产效率目标
	创新目标	企业应对复杂多变、激烈竞争环境以获得生存和发展的预期成果，可进一步细分为技术创新目标和管理创新目标等
	社会目标	企业通过承担社会责任来建立良好公众形象所取得的预期成果，可进一步细分为社会责任目标和公众形象目标

（3）战略目标制定的原则

战略目标的制定需要根据使命和愿景要求，选定目标参数，简要说明需要在什么时间内、以怎样的代价、由哪些人员完成什么样的工作、取得什么样的结果，因此，战略目标的制定需要满足SMART原则，具体包括以下五个方面。

1）简明具体（Specific）。战略目标应该是具体的、清晰的，切中特定的工作指标，不能笼统。

2）可测量（Measurable）。战略目标应是可度量和可检测的，为考核提供标准和方向。

3）兼具挑战性和现实性（Achievable）。战略目标应当能激励员工提高公司绩效。过于容易实现的目标无法激励员工，而不现实的目标则可能导致员工放弃努力。因此，战略目标必须兼具挑战性和可实现性，这样才能产生激励作用。

4）切中要害（Relevant）。战略目标的制定应仅限于关键和重要的事项，用于评估的主要目标不能太多，否则，管理层将无法专注于核心问题。

5）时限的要求（Time Bound）。时限要求告诉员工实现目标的截止日期，它有助于激发员工的紧迫感，提升工作效率。

（4）战略目标制定的关键领域

明确战略目标制定的原则仅是制定优质战略目标的开始，战略目标作为企业愿景与使命的衍生与细化，其必须涵盖所有对企业生存与发展产生重要影响的领域，因此，彼得·德鲁克在《管理实践》一书中总结企业经营管理的七个关键领域如下。①市场方面的目标：企业预期达到的市场占有率或市场竞争地位；②提高生产力方面的目标：衡量企业对原材料的利用率，尽可能提高产品的质量和数量；③技术改进和发展方面的目标：改善已有产品和研发新产品，不断丰富服务内容和范围等；④资本方面的目标：拓展融资渠道，降低融资成本，提高投资回报率；⑤人力资源方面的目标：员工的招聘、培训、职业生涯规划及其才能的发挥，对员工的激励、考评和报酬等；⑥利润方面的目标：一般用销售利润率、每股收益率、投资收益率等经济指标衡量利润水平；⑦社会责任方面的目标：用企业参与社会活动的类型、数量或者提供的资助资金额度衡量企业的社会贡献。

（5）战略目标的作用

战略目标是企业战略构成的基本内容，它表明了企业在实现使命的过程中所要获取的长期结果，具有如下重要作用：①战略目标能够实现企业外部环境、内部条件和企业目标三者之间的动态平衡；②战略目标能够使企业使命具体化；③战略目标为战略方案的决策和实施提供了评价标准和考核依据；④战略目标描绘了企业发展的愿景，对各级管理人员和广大职工具有很大的激励作用。

【案例】隆平高科使命与愿景陈述实践

（1）实践目标

了解企业的愿景、使命与战略目标在实际中的应用，培养评判涉农企业愿景、使命和战略目标的能力，初步具备为企业制定愿景、使命与战略目标并清晰陈述的素质要求。

（2）实践材料

隆平高科，全称为袁隆平农业高科技股份有限公司，这家以"杂交水稻之父"袁隆平院士的名字命名的高科技现代化种业集团，是一家光大袁隆平伟大事业，用科技改造农业，造福世界人民的农业高新技术企业。自1999年

6月成立以来，隆平高科始终坚持战略引领、创新驱动的发展思路，以"推动种业进步、造福世界人民"为使命，以"世界优秀的种业公司，致力于为客户提供综合农业服务解决方案"为企业愿景，矢志为民族种业崛起的梦想而努力前行。

为了实现企业的愿景、使命，隆平高科提出进入全球种业企业前五强，打造民族种业的航母，护航国家粮食安全的长期战略目标，并以此细化出四大业务战略目标、三大管理战略目标和五大功能战略目标。

1）业务战略目标。

A. 价值链战略："种业运营＋农业服务"，即突出种业优势，同时在多个农业领域提供服务。

B. 品类战略："3＋X"横向扩展，即以水稻、玉米、蔬菜为三大核心品类，小麦、薯类、棉花、油菜籽、花生、大豆等为辅助业务的总体品类设置。从该战略的实现效果看，目前隆平高科杂交水稻种子业务位居全球前列，玉米、辣椒、黄瓜、谷子、食葵种子业务位居国内前列。其中，晶两优534、晶两优华占和隆两优华占连续两年位列全国杂交水稻品种推广面积前三名，裕丰303、中科玉505、隆平206和联创808等玉米大品种位列全国市场前十名，德瑞特黄瓜和湘研辣椒领先全国，甜瓜作为蔬菜市场爆品持续畅销，三瑞农科食葵品种国内市场占有率在31％以上，张杂谷系列品种全国市场份额达29.82％。

C. 区域战略："国内市场＋国际市场"同步扩张、"一带一路"重点突破。目前，隆平高科已在中国、巴西、美国、巴基斯坦、菲律宾等多个国家建有水稻、玉米、蔬菜、谷子和食葵育种站超过50个，试验基地总面积1.3万亩*，主要农作物种子的研发创新能力居国内领先水平。

D. 增长战略："内生发展＋外延驱动"双动力。隆平高科除了借助尖端技术这一强大动力外，2016年，在国家主管部门支持下，隆平高科以增资方式引进中信集团成为其第一大股东，隆平高科由此成为一家由国有资本为第一大股东，民营资本、科研院所、科学家、核心员工等共同持股的典型混合所有制企业。在中信集团的大力支持下，隆平高科开启双动力全球化发展新纪元。

2）管理战略目标。

A. 在公司治理与决策方面，公司将采取"决策委员会＋执行委员会"的治理模式。

---

* 亩为非法定计量单位。1亩≈667米²。余后同。——编者注

B. 在产业组织方面，公司将实行充分授权的公司化事业部制。

C. 在总部组织方面，公司将加强总部的战略管控能力建设。

完整且统一的管理战略使得隆平高科的愿景与使命深入到企业管理的方方面面，研发部门与市场部门的有机结合使得隆平高科在短时间内迅速成为种业龙头企业，并高效贯彻"市场与产业导向、信息与资源共享、标准与评价统一、分工与协作明确"的研发创新工作原则，建立了"以企业为主体、市场为导向、产学研紧密结合"的商业化育种体系。按照"标准化、程序化、信息化、规模化"要求，隆平高科建立起各环节紧密分工协作的分阶段创新流程，全面覆盖生物技术平台、传统育种平台、测试评价平台。除此之外，隆平高科构建了国内领先的测试体系，组建了国际先进的生物技术平台，并积极在海外目标市场拓展研发布局，打造一流的研发团队，研发的造血与市场的回血使得隆平高科在不断攀登技术高峰的同时，持续获得市场的高度认可。

3）功能战略目标。

A. 生物技术战略：以生物技术为方向，以全球布局、商业化管理为基础的研发战略。隆平高科国内水稻研发以湖南为创新中心，依托隆平高科种业科学研究院及各区域育种站，范围覆盖长江上游、长江中下游、华南及黄淮稻区；国际水稻研发以海南为窗口，辐射菲律宾、印度尼西亚、孟加拉国、越南以及巴基斯坦等"一带一路"沿线水稻种植国家。此外，隆平高科以南京南方粳稻研究院为基地攻坚南方粳稻区域，目前已进入研发成果稳步输出阶段。

B. 质量领先战略：以质量领先为核心，以标准化为基础的生产战略。隆平高科先后通过 ISO9001 质量管理体系、ISO14000 环境安全管理体系、OHSAS18000 职业健康安全体系，从品种选育、种子生产、加工和售后服务全产业链提升质量管理水平，实现新产品产值率 75% 以上，引领行业发展。以研发为例，隆平高科杂交水稻亲本种子质量（纯度≥99.8%、发芽率≥85%）高于国家标准（纯度≥99.5%、发芽率≥80%）；玉米种子纯度可达 98.5%～99.3%（国家标准为 96%～98%）；黄瓜种子纯度可达 98%（国家标准为 95%）。严格的全产业链质量管理体系和引领业内的质量执行标准，帮助隆平高科提高了入库种子的质量合格率，大幅降低了制种除杂成本，使制种农户收入逐年增加，不合格种子转商率逐年降低，提高了种子产品的应用和推广价值。2021 年 9 月 16 日，隆平高科以"基于数字化的'双全双零'质量管理模式"的创建和成效，获得第四届中国质量奖提名奖。该模式全面提升了公司研发效率、种子质量、农业服务水平，在国内年推广面积超 8 000 万亩，引领了我国种业质量管理模式变革，这也是我国种业企业乃至农业领域首次获此奖项。

C. 服务营销战略：以农业服务为核心，以合作社为纽带，为规模种植者提供系统解决方案。2007年，隆平高科率先对农民专业合作社发展模式进行了探索，成立了湖南省内第一家专业种粮合作社。隆平高科农业专业合作社通过推行标准化种植生产、向农户提供金融服务的方式，由隆平米业、隆平蔬菜等公司与农户直接进行销售对接，2009年就为合作社农民降低生资采购成本130多万元，为农民增收300多万元，并为隆平高科产品自身提供了10亿元的销售市场。

D. 人才竞争战略：以国际化竞争为方向，实施以提升人才吸引力为基础的人力资源战略。隆平高科致力于打造以企业为主体的高效商业化育种体系，该体系的构建实现了国内高素质科研人才队伍的聚集。为丰富人才来源，隆平高科不断加强对外合作，现已聘请近20位国内外知名专家学者为科技顾问，指导研发、创新等工作。

E. 创新与信息化战略：以模式创新为方向，以改善管理、优化业务为基础的信息化战略，其核心是改变商业模式、构建更可信的商业关系。具体而言，一方面要实现从生产分销模式变成运营农户的模式，给农民搭建平台，让农民更方便地实现种植增收；另一方面要解放内部人员的双手，提升效率与效益，让生产与管理简化、规范。在2015年，隆平高科就已经上线了"隆商通"定兑系统，通过电脑客户端与手机客户端，在销售环节实现了零售商管理、库存管理、示范户管理、渠道管理、宣传促销品管理、经销商运营管理、其他业务平台接入等功能；在内部控制环节，实现了对账结算、活动管理、数据统计分析、大数据应用等功能，最终实现传统经销系统的信息化。

隆平高科通过战略的实施，践行了"推动种业进步、造福世界人民"的使命，不断朝着"为客户提供综合农业服务解决方案"的美好愿景迈进。作为国内顶尖种业企业，它承担着保障国家粮食安全，实现中国种业崛起的重托。袁隆平院士生前一直亲自率领科研团队攻关第三代杂交水稻遗传工程雄性不育系技术。该技术可以克服以往品种的大量缺陷，成果创新性强，技术简便实用，中长期可使世界杂交水稻面积占比提高到70%以上，使中国在杂交水稻研究上保持领先的优势，不仅对保障我国粮食安全有着重大战略意义，并将为全球的水稻种植带来巨大改变。

作为种业代表企业，隆平高科坚定创办企业时树立的愿景与使命，设立清晰战略目标，推动企业成为应用技术创新决策、研发投入、科研组织和成果转化的领军企业，统筹协调推动我国优势种业"走出去"，让中国种子改变世界。①

（3）实践任务及要求

1）隆平高科的企业愿景是什么？它的企业愿景陈述包括了哪些内容？

2）隆平高科的企业使命是什么？它的企业使命陈述包括了哪些内容？

3）隆平高科的战略目标是什么？其战略目标使用了哪种分类标准？其制定的战略目标包含了哪些关键领域？

4）对于隆平高科而言，其愿景、使命与战略目标三者的关系如何？它们是如何促进企业发展的？

5）隆平高科矢志为民族种业崛起而奋斗，你还能列举出其他以填补我国某项技术空白为使命的企业的例子吗？

（4）实践组织方法及步骤

学生独立阅读资料并完成实践任务，接着各自将实践任务完成结果整理为文字材料。整理结束后，由教师牵头组织、学生自愿参与，开展班级范围内讨论，每个问题可邀请2～3名同学进行回答，并邀请1～2名同学进行点评。待所有问题回答结束后，教师统一点评总结。

（5）实践思考

1）涉及内容：企业的愿景、使命与战略目标制定。

2）实践要求。

A. 小组成员共同寻找一家身边的企业，每个人均为其撰写企业愿景、使命与战略目标。

B. 撰写完成后，小组成员参照愿景、使命及战略目标的制定要求，开展针对每个人所撰写内容的探讨，分析各自内容的优缺点。

C. 每位同学应对自己所总结的优缺点进行记录，并及时调整。

D. 综合组内所有人的观点及分析过程，确定所选企业最佳的企业愿景、使命与战略目标，由小组成员共同完成整理工作，在要求时间内提交给任课老师。

3）实践注意：愿景与使命陈述均不宜超过50字，战略目标可根据不同的分类标准制定。个人撰写内容及小组分析点评内容应形成文字材料。

4）实践时间：课程结束后一周内。

---

① 案例来源：袁隆平农业高科技股份有限公司远景战略及五年战略目标与规划；石曼、杨斯涵，合作社带给隆平高科10亿市场，三湘都市报，2010年5月27日；李国龙，种企补上"信息化"这堂课，农民日报，2015年11月30日；杨阳，隆平高科——让中国种子改变世界，中国农村科技，2022年2期，29-33页。

1.2 公司层战略实践

1.2.1 密集型战略

(1) 密集型战略概述

某企业生产的产品在市场上站稳脚跟后，急需开拓市场，扩大企业规模，从而有效地降低成本。但是，当企业发展到一定阶段便面临着一个重大战略选择，是继续以前粗放式的发展方式，不断地攻城拔寨，扩大市场；还是对现有业务领域进行深入挖掘并从中寻找机会？密集型战略认为，企业应充分利用现有产品或服务的潜力，强化现有产品或服务的竞争地位。

密集型战略（Intensive Strategy）也称集约型战略或强化战略（Reinforcement Strategy），是指企业在原有业务范围内，充分利用产品和市场方面的潜力，以快于过去的增长速度取得成长与发展的战略。密集型战略的适用条件是企业在产品上有弥补市场缺口的较大发展空间，市场缺口可以包括以下几方面。①产品线缺口：相关市场内缺少一条完整的生产线；②分销缺口：在相关市场或相关市场的销售渠道上，缺乏实体分销，分销系统不够完善；③使用缺口：相关市场未被充分地开发或利用；④竞争缺口：竞争对手销售量不足或下降。

实施密集型战略的企业将全部或主要资源集中使用在最能代表自身优势或市场存在重大缺口的某项业务上，从而力争为企业取得快速成长。

(2) 密集型战略的实施

为了获得业务增长和财务绩效的改善，提高产品的竞争地位，企业需要运用不同的途径来实施密集型战略。具体而言，包括市场渗透、市场开发、产品开发与多元化等战略（图1-1）。它们的实施需要根据市场和产品的现实情况进行选择。

	现有产品	新产品
现有市场	市场渗透	产品开发
新市场	市场开发	多元化

图1-1 密集型战略实施类型

1）市场渗透。 市场渗透是指企业以现有的产品，在现有的市场上，通过更大的营销投入，谋求提高现有产品在现有市场份额的战略。该战略既可以单独使用，也可以与其他战略组合在一起使用，比较适合市场处于成长期的企业。对于该部分企业而言，即使不进行新产品或新市场的开发，也可以通过现有市场的扩容获得业务增长。但随着市场进入成熟期，竞争日益加剧，此战略或许会遇到较大的风险。因此，有效的市场渗透战略需要遵循以下五项原则：①企业特定的产品或服务在现有市场中尚未达到饱和状态；②现有顾客对产品或服务的使用率有显著提高的可能；③整个行业的销售额处于持续增长的状态，而主要竞争对手的市场份额则呈现下降态势；④历史数据表明，在该行业中，产品或服务的销售额与营销力度高度相关；⑤市场渗透战略所带来的市场份额或销售规模的规模经济效应能够为企业带来较大的市场优势。

为了使市场渗透战略奏效，企业可以通过增加销售人员、增加广告支出等方式影响产品或服务的销售量，具体包括以下方面：①增加现有产品或服务的使用人数；②增加现有产品或服务的使用量；③增加产品的新用途；④改进现有产品的性能。

2）市场开发。当企业所在行业的市场特性与产品的技术特性较为稳定时，增强现有产品的市场渗透能力将产生较大阻力，同时环境中有可能会出现发展潜力更大的新市场。此时，企业可以在市场范围内进行扩展，即采取市场开发战略，实现将现有的产品或服务导入新的市场。相对于市场渗透战略，市场开发会带来更多的战略机遇，能够有效地减少由于原有市场过于饱和所带来的风险，但该战略也无法避免地因为时代对技术的更高要求而面临原有产品淘汰的风险。因此，该战略适用于以下情况：①存在着新的、企业可以获得的、可靠的、经济的、质量高的分销渠道；②企业存在过剩的生产能力；③企业拥有扩大生产经营所需的资金、人力和物质资源；④企业在所经营的业务领域取得极大成功；⑤存在新的、未被开发或未饱和的市场；⑥企业主营业务所处的产业正在成长中。

能否采取市场开发战略除了与所涉及的市场特征有关以外，还与企业产品的技术特征有关，拥有技术诀窍或特殊生产配方的企业也比较适合采用市场开发战略。一般而言，市场开发主要有以下两种途径。

一是市场创造。将企业现有产品投放到刚刚形成的，且其他企业尚未涉足的市场中去。企业可以对产品进行调整以适应其他细分市场的需求，并利用其他分销渠道或宣传媒介。这一途径成本较高，因为往往需要进行前期的市场调研和市场培育。

二是市场瓜分。可以在一个地区内的不同地点、国内不同地区或国际市场上进行业务扩展。但在通过市场瓜分增加不同地区市场数量的同时，需要差异化管理不同区域的市场，并由此进行组织变革。

3）产品开发。产品开发是指企业在现有市场上通过改进现有产品或服务，以及开发新产品或服务，谋求销售增加的战略，该战略是密集型战略在产品上的扩展。通过产品开发，可以延长产品的生命周期，并充分利用现有产品的声誉或商标，吸引那些对现有产品有好感的用户关注新产品。该战略的优势是企业比较了解现有市场，产品开发针对性强，易取得成功；劣势是由于局限在现有市场上，易失去开发新市场的机会。因此，选择实施产品开发战略应满足以下五个原则：①企业所处的产业技术进步迅速，企业在产品方面所进行的各种改进与创新都是有价值的；②企业所处的产业处于高速增长与发展阶段；③企业过去所开发的产品或服务非常成功，但已处于成熟阶段；④与竞争对手相比，企业可以用适当价格，提供质量更优的产品；⑤企业具有很强的研发能力，能够不断地进行产品开发与创新。

产品开发战略的实现途径包括以下两个方面。

一是改进原有产品。企业依然沿着过去的产品思路，在现有产品上应用新技术进行革新。例如，为现有产品增加新功能或特性；改变原有产品的物理特性，如色彩、气味、形状、速度等；改变产品结构、部件及组合方式。

二是开发全新产品。即在现有市场上推出别的企业从未生产销售过的产品。例如，农机企业推出新的收割机型、种业企业生产新的粮种品种等。

【案例】绝味鸭脖的密集型战略

（1）实践目标

了解密集型战略的概念、适用条件及市场渗透、市场开发与产品开发在实际中的应用，能够识别适合使用密集型战略的企业类型或成长阶段，并具备为企业拟定密集型战略实施方案的素质要求。

（2）实践材料

"妈，买菜时带两根鸭脖回来。"

"今晚有球，买20块钱的鸭脖边看边吃吧。"

"看电影时想吃什么？""鸭脖子！"

小小一根鸭脖，爱吃的人特别多。当你花一二十元津津有味地啃着鸭脖的时候，你一定想不到，鸭脖产业每年有近370亿元的市场容量和规模。鸭脖的商机吸引了众多掘金者，其中，绝味这家品牌，目前已在全国29个省（自治区、直辖市）设有子公司和生产工厂，在全国开设的门店已超过8 000家，年零售额达到40亿元。2014年巴西世界杯期间，在不到半个月时间里，绝味销售出50万份"世界杯球迷套装"，销售额合计超过2 000万元，创造了绝味"20厘米奇迹"。

创办绝味的戴文军是湖北人，不少湖北人都有吃鸭脖的喜好，老戴也不例外。他觉得鸭脖行业有一定的市场消费基础，但又没有绝对领先的品牌，而且大部分口碑好的鸭脖门店还只是夫妻店的规模，分销系统不完善，全国还有大量的消费需求有待满足，这是他创业的绝佳机会，也是把绝味鸭脖做到休闲食品领军品牌的重要基础。

为了实现他的梦想，老戴从第一家门店刚开业时就开始想办法。他借鉴了保健品的营销手段，通过免费品尝、媒体宣传、发放传单等方式把绝味鸭脖渗透到城市的各个角落。在扩大了品牌知名度与影响力后，老戴紧接着又推出各种折扣优惠活动吸引消费者购买，这一系列的营销活动让老戴的绝味门店前每天都人山人海。

鸭脖的初获成果让老戴开始思索如何推出更多具有绝味"鲜香麻辣"特色的新产品。但不同食材口味各有各的特色，如何才能在继承绝味鸭脖灵魂的同时，实现产品品类的丰富呢？老戴通过与研发人员不断地摸索、试验，最终确定了绝味味道的关键配方，并形成了"以卤制鸭副产品等卤制肉食为主，卤制素食、包装产品、礼品产品等为辅"的近200个品种的丰富产品组合，其中鲜货产品包括"招牌风味""黑鸭风味""酱鸭风味""五香风味""盐焗风味"等系列，大大拓展了"绝味家族"的丰富度，不仅让原来就喜欢绝味的老顾客直呼过瘾，也让更多的新顾客认识到了绝味的美味。

产品品类的拓展使老戴又向自己的目标迈进了一大步，但现在这些成果还远远不够，他想把自己的鸭脖生意做遍全国，让绝味走出湘、鄂，走向全国甚至更远。全国市场的开发并不像在湖南、湖北周边那么简单，培育市场就是老戴面临的第一大难题。当时全国除了武汉吃鸭脖比较普遍，其他地方吃鸭脖的人不是很多，为了能迅速立足，老戴打算采取"以直营连锁为引导、加盟连锁为主体"的销售模式，并且再次采用最开始借鉴的保健品营销的手段。绝味把开拓的每一个市场门店选在市中心繁华地带，并在经过门店的公交车车身上投放大量广告，让车身广告和店面招牌对消费者起到互相提示的效果。同时，绝味还在当时大众主要关注的纸媒上投放大量广告，让消费者更加全面透彻地了解绝味。为了配合报纸，加大推广力度，绝味门店也策划了一系列促销活动，最常用的就是以门店为核心的打折、小区推广和路演。这些市场渗透战略在开辟新市场的初期再次发挥了巨大作用，并且在这些营销策略的支持下，绝味门店如雨后春笋般涌现。第一年仅湖南就开了几十家店；第二年绝味在江西、深圳等地开疆拓土，又开了上百家店。而打下了江山的绝味为了坐稳江山，严把门店口味稳定度，任何分、子公司不允许擅自改动配方和原料标准，凡是要对产品改良的，必须上报公司总部，经总公司专门人员调查研究之后再作决定。总公司在不同市场推广绝味食品时，也会充分注重不同地域的饮食习惯，不同地区绝味的口味也会在不改变原有基本风味的条件下做适当的改变，比如上海的鸭脖就不如江西的辣。

小小的鸭脖，看似简单，但想要把这门生意做好却绝非易事。绝味把一个地方的美味小吃，发展成今天的连锁加盟上市品牌，把一份在常人眼里不起眼的小生意做遍了全国。绝味负责人这样形容：鸭脖是一个杠杆的支点，通过这个支点，绝味撬起了大市场。如今，每天有 70 万人次的顾客走进绝味门店消费，绝味每天售出超过 100 万根鸭脖，还为 3 000 多个加盟商实现创业梦想，解决了 2 万人的就业问题，原来"煮熟的鸭子"也真的可以振翅飞翔。[①]

（3）实践任务及要求

1）绝味鸭脖的销售市场主要存在哪些缺口？

2）绝味鸭脖具体采取了哪些方式？实施了什么密集型战略？

3）绝味在商业化运营阶段采用的是何种经营模式？销售模式中直营与加盟模式的区别是什么？试比较绝味在两种销售模式下的优劣势。

4）密集型战略的实施对绝味有何积极影响？

（4）实践组织方法及步骤

学生先独立完成资料阅读与实践任务，后针对任务分组完成案例讨论，每组 4～6 人。小组讨论结束后，每组派一位代表陈述本小组分析成果，并邀请其他小组成员点评。待所有小组完成分析后，教师统一点评总结。

（5）实践思考

1）涉及内容：不同企业在密集型战略实现方式上的异同。

2）实践要求。

A. 在阅读以下周黑鸭与绝味对比资料的基础上，自主搜集资料，独立比较周黑鸭与绝味在实施密集型战略的方式、条件、重点等方面的异同，并总结各自的优劣。

B. 独立分析完成后，小组成员针对异同及优劣进行讨论，并尽可能对二者进行全面总结。

C. 实践完成后，教师可邀请所有小组进行集中展示，并对结果进行点评分析。

3）实践注意：个人撰写内容及他人点评内容应形成文字材料。

4）实践时间：课程结束后一周内。

---

① 案例来源：郭名媛，杨欢维，绝味——一根鸭脖的商业奇迹，中国管理案例共享中心，2018 年 4 月 18 日。

【拓展阅读】周黑鸭 VS 绝味

周黑鸭源于武汉，坚持自营，在湖南、湖北、北京、上海、广州、深圳优势明显；绝味从长沙突围，和加盟商一起在全国扩张，东、西、南、北四面布局。同样是做鸭子的生意，它们却具有不同的基因：周黑鸭稳中求进，绝味鸭脖唯快不破。

产品：亲民价 VS 高溢价。 周黑鸭从 2002 年开始启用"气调锁鲜包装"（也称 MAP 包装），该包装是将空气中的氧气水平降低并以氮气取代，令包装的内部气体成分转变，以抑制细菌和微生物的生长，改善卤制品的保质期，到 2014 年 5 月，周黑鸭全面停止销售散装产品。究其目的，一方面是想对产品进行更好的卫生管理；另一方面，标准化包装可以延长产品的保质期。这意味着周黑鸭的产品可以有更大的配送范围，更长的售卖时间。绝味则没有在这方面发力，目前绝味除了在高铁站、机场等高势能门店销售 MAP 包装产品以外，其他门店仍以销售散装产品为主。因为对于加盟商而言，锁鲜包装大大增加了产品成本，没有散装产品库存周转快。所以，在加盟商的利益格局下，绝味目前较难推动包装以及产品形态的改变。

绝味产品较周黑鸭的销售单价低。究其原因，除了产品口味与生产工艺之外，周黑鸭 MAP 包装的成本也拉高了其销售单价。因此可以看出，绝味产品的价格更为亲民，目标消费群体的消费能力较周黑鸭略低。

销售模式：加盟为主 VS 直营为主。 绝味食品主要采用"以直营连锁为引导、加盟连锁为主体"的销售模式，通过发展加盟商，实现门店数量的快速扩张。截至 2017 年年底，绝味食品已在全国拥有 8 610 家门店，基本实现了对全国市场的覆盖，成为国内休闲卤制品行业门店最多的企业。周黑鸭以直营门店为主，公司的绝大部分产品通过直营门店进行销售，所有直营门店均以"周黑鸭"品牌经营。周黑鸭专注直营模式，可以有效监控产品质量、保证卫生及产品安全、执行营运及财务措施、收集具有价值的客户数据及回馈意见，以迅速灵活地应对不断变化的市场趋势及消费者喜好。截止到 2017 年上半年，周黑鸭共有门店 892 家，覆盖全国 13 个省份以及包括直辖市在内的 47 座城市，全部为直营经营。

营收效率：薄利多销 VS 产品溢价。 周黑鸭产品的高溢价、价差来自产品口味、高标准服务、MAP 锁鲜包装等。而且，溢价的长期存在又反过来强化了周黑鸭的品牌认知。尽管周黑鸭门店数仅约为绝味鸭脖门店数的 1/10，盈利却占上风。绝味的盈利模式主要是两个方面：一是加盟商的加盟费用；二是把产品以批发价卖给加盟商，加盟商再卖给顾客。价格被压低，绝味只能靠走量，以规模制胜。

品牌营销：卖文化 VS 做社群。绝味和周黑鸭的消费者定位非常接近，两者都将主力消费人群定位为 18～35 岁的人群。因此，两个品牌的营销手段也相对年轻化。周黑鸭一直致力于做鸭中的"星巴克"。周黑鸭的口号是"会娱乐更快乐"，品牌形象是一个馋嘴的卡通男孩，而非简单的鸭子。周黑鸭将自己定位在市场更广阔的休闲食品。于是，周黑鸭的店里尽可能地提供丰富的食品，让消费者可以享受美味的主食，甚至能买到自制的饮料或其他甜点。近两年，绝味鸭脖也努力打造一个快时尚的品牌以迎合消费者。数据显示，绝味鸭脖的复购人群中 90 后年轻用户已达 82.3%。怎样吸引年轻人的关注？绝味鸭脖选择数字营销，做社群。它从自媒体入手，在微博和微信做促销、发红包，累积首批用户，同时让日常微信推文内容更具娱乐化、网络化，与用户互动。除此之外，在开发新产品时，绝味重构了产品的包装设计，原宿风、中二特质和"b站属性"等更加贴合当下的网络流行亚文化。内容创意、媒体盘活、互动机制等营销手段多管齐下，绝味致力于做大品牌。

电商业务：都玩线上到线下（O2O）运动。就线上线下布局而言，两个企业都在强化电商入口，挖掘用户消费数据，构建强大的网络销售能力，以迎合市场和消费者的需要。2015 年，周黑鸭入驻饿了么等外卖平台，初步尝试线上下单、线下配送。它打通线上线下库存体系，根据地理位置、储货能力等将部分合适的门店纳入 O2O 业务，顾客在周黑鸭的官网或者 App 下单后，就由附近门店负责最后一千米配送。同时，周黑鸭也改变了线上线下的关键绩效指标（KPI）考核机制，将线上下单线下自提或配送的销售额结算给相应门店。但由于三四线城市消费者的接受度较低，外卖业务止步于一二线城市成熟商圈内的门店。绝味鸭脖也瞄准了 O2O，线下 6 000 多家门店接入饿了么平台，快速布局 O2O。2016 年，绝味与微信平台达成合作，开通第二个 O2O 入口，用以培养绝味的外卖体系，上线一周年之后，用户量突破 1 800 万，销售额达到 12 亿元。

仔细分析绝味的店面构成数据不难发现，这是最适合绝味鸭脖的电商化方式，速度快、覆盖面大。但是线下门店的服务质量与运转效率，同样会是绝味鸭脖 O2O 业务的决胜点和天花板。

1.2.2　一体化战略

（1）一体化战略概述

一体化战略（Integration Strategy）是指企业通过新建、并购和联合等方式，将具有密切联系的生产经营活动纳入组织内的过程，也就是所谓的内部化，把市场交易转变为内部交易。它是企业实行扩张，获取资源、市场和竞争优势的一种重要的战略行为。实际上，一体化战略是一个产业资本集中的过程，其结果多为企业规模越来越大，市场集中度越来越高，社会资源越来越集中于少数大企业。

在现实经济中存在大量的市场失灵现象，即市场无法有效配置资源。市场失灵导致企业市场交易成本过高，降低了企业的竞争力和盈利能力，这就促使企业通过一体化战略，将市场交易转变为内部交易。显然，只要内部交易成本低于市场交易成本，企业就有足够的动力推动一体化的发展，但这一过程并不可能永远延续下去。因为，市场交易成本在短期内可以假设为常量，随着企业一体化的发展，生产经营规模不断扩大，管理层次和机构不断增多，管理效率不断下降，内部交易成本也将随之增加，最终会与市场交易成本间达成一个均衡点。一旦超越了这一均衡点，内部交易成本高于外部交易成本，企业一体化过程也就会终止。

（2）一体化战略的分类及优劣势

一体化战略作为企业充分利用自己在产品、技术、市场上的优势，根据企业的控制程度，使企业不断向广度和深度发展的战略，具体包括了纵向一体化（Vertical Integration）和横向一体化（Horizontal Integration）两种类型。前者是指进行纵向发展，进入目前经营的供应阶段或使用阶段，实现在同一产品链上的延长，从而促进企业进一步成长与发展的战略；后者则是指在现有业务的基础上进行横向发展，实现规模扩张。

1）纵向一体化。

A. 纵向一体化定义及分类。纵向一体化，又称垂直一体化，是企业在两个可能方向上扩展现有经营业务的一种发展战略，是将公司的经营活动向后扩展到原材料供应，或向前扩展到销售终端的一种战略体系，包括后向一体化战略和前向一体化战略，如图 1-2 所示。

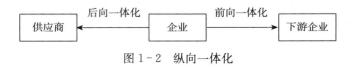

图 1-2　纵向一体化

其中后向一体化指生产企业与供应企业之间的联合，目的是确保产品或劳务所需的全部或部分原材料的供应，加强对所需原材料的质量控制。当公司目前的供货方不可靠、供应成本太高或不能满足公司需要时，尤其适合采用后向一体化战略。而前向一体化指生产企业与用户企业或销售商之间的联合，目的是促进产品销售，增强市场控制能力。比如，当今越来越多的制造厂商正在通过建立网站向用户直销而实现前向一体化。

B. 纵向一体化的优势，纵向一体化拥有诸多优势。

一是带来经济性。采取该战略后，企业实现外部市场活动内部化，能够实现内部控制和协调的经济性、信息的经济性、节约交易成本的经济性、稳定关系的经济性。

二是有助于开拓技术。在某些情况下，纵向一体化提供了进一步熟悉上游或下游经营相关技术的机会，这种技术信息对基础经营技术的开拓与发展非常重要。

三是确保供给和需求。纵向一体化能够确保企业在产品供应紧缺时得到充足的供应，或在总需求很低时能有一个畅通的产品输出渠道，减少上下游企业随意中止交易的不确定性。

四是削弱供应商或顾客的价格谈判能力。如果一个企业在与它的供应商或顾客做生意时，供应商和顾客有较强的价格谈判能力，那么，企业应当通过实现纵向一体化来削弱对手的价格谈判能力。这不仅会降低采购成本（后向一体化），或者提高价格（前向一体化），还可以通过减少谈判的投入而提高效益。

五是提高差异化能力。纵向一体化可以通过在管理层控制范围内提供一系列额外价值，改进本企业区别于其他企业的差异化能力。例如云南玉溪烟厂为了保证生产出高质量的香烟，对周围各县的烟农进行扶持，让他们专为该烟厂提供高质量的烟草；葡萄酒厂一般都拥有自己的葡萄产地等。同样，有些企业在销售自己的技术复杂产品时，也需要拥有自己的销售网点，以便提供标准的售后服务。

六是提高进入壁垒。企业实行纵向一体化战略，可以把关键的投入资源和销售渠道控制在自己的手中，从而使行业的新进入者望而却步，防止竞争对手进入本企业的经营领域。

七是进入高回报产业。如果企业现在合作的供应商或经销商能获取较高利润，这意味着他们经营的领域是十分值得进入的产业。在这种情况下，企业通过纵向一体化，可以提高其总资产回报率，并可以制定更有竞争力的价格标准。

八是防止被排斥。如果竞争者们是纵向一体化企业，那么它们往往能够占有许多资源或者拥有许多忠实顾客或零售机会。因此，出于防御目的，企业应该实施纵向一体化战略，否则将面临被排斥的处境。

C. 纵向一体化的劣势，纵向一体化也有它的局限性。

一是带来风险。纵向一体化会提高企业在行业中的投资数额，提高退出壁垒，从而增加商业风险，有时甚至还会抑制企业将资源调往更有价值的地方。且因为资本的前期投入过大，所以纵向一体化企业采用新技术常比非一体化企业要慢一些。

二是代价昂贵。纵向一体化会迫使企业依赖自己的场内活动而不是外部的供应源，这样做所付出的代价可能随时间的推移而变得比外部寻源还昂贵。产生这种情况的原因有很多，例如，纵向一体化可能切断来自供应商及客户的技术流动；又如纵向一体化意味着通过固定关系来进行购买和销售，上游单位的经营激励可能会因为内部销售而减弱其竞争力。同时，如果从一体化企业内部某个单位购买产品，企业不会像与外部供应商做生意时那样激烈地讨价还价。因此，内部交易会削弱员工降低成本、改进技术的积极性。

三是不利于平衡。因为价值链上各个活动最有效的生产运作规模不同，所以完全一体化很不容易达到。对于某项活动来说，如果它的内部能力不足以供应下一个阶段，那差值部分就需要从外部购买。如果内部能力过剩，就必须为过剩部分寻找顾客，如果生产了副产品，就必须进行处理，这样的行为往往会加重企业的运营负担。

四是需要多样的技能和管理能力。一体化中不同的企业可能在结构、技术和管理上各有不同，熟悉如何管理这样一个具有不同特点的企业是纵向一体化的主要成本。

五是延长运作时间。一体化往往会要求前后企业在生产销售之间产生联系，因此，从市场部门意识到外界需求产生变化，到生产部门真正生产出符合市场需求的产品中间，往往存在很长的沟通、协调、设计、调整时间，而因此产生的成本多会比企业灵活寻找外部供应商而高得多。

2）横向一体化。

A. 横向一体化定义。横向一体化战略也叫水平化战略，是指为了扩大生产规模、降低成本、巩固企业市场地位、提高企业竞争优势、增强企业实力而与同行业企业进行联合的一种战略。横向一体化适用于规模扩大可以提供很大竞争优势、企业具有成功管理更大规模企业所需的资金和人才、竞争者因经营不善发展缓慢或停滞的企业。

B. 横向一体化的优势。采用横向一体化战略，企业可以有效地实现规模经济，快速获得互补性的资源和能力。此外，通过收购或合作的方式，企业可以有效地建立与客户之间的固定关系，遏制竞争对手的扩张意图，维持自身的竞争地位和竞争优势。

C. 横向一体化的劣势。横向一体化战略也存在一定风险，如过度扩张所产生的巨大生产能力对市场需求规模和企业销售能力都提出了较高的要求。同时，在某些横向一体化战略，如合作战略中，还存在技术扩散的风险。此外，组织结构障碍也是横向一体化战略所面临的风险之一，如"大企业病"、并购中存在的文化不融合现象等。

【案例】唐人神的一体化战略

(1) 实践目标

了解一体化战略在实际中的应用，分辨纵向一体化（前向一体化、后向一体化）与横向一体化的区别，能够识别适合使用一体化战略的企业，并具备为其拟定一体化战略实施方案的素质要求。

(2) 实践材料

2018 年 8 月 3 日上午，中国动物卫生与流行病学中心传来了一个生猪养殖企业最不想听到的消息——此前发生在沈阳市的疑似非洲猪瘟疫情确诊了。此后，非洲猪瘟疫情迅速蔓延至全国二十几个省份，多地宣布暂停生猪调运。这对被低迷市场困扰已久的生猪养殖企业来说如同天降横祸。此前，中国市场的猪肉价格呈现"跌跌"不休之势，2018 年上半年猪肉价格同比下降 12.5%，不少农贸市场挂出了猪肉 12 元/千克的市价。疫情使得下半年的生猪清栏速度显著加快，但在居民"不敢吃肉"情绪的影响下，整体市场供过于求，猪肉价格走势低迷。再加上企业又产生了添置饲料高温处理设备、强化人员隔离措施等项目成本，利润空间不断被压缩。当年度，生猪行业相关上市公司净利润下滑严重，部分公司面临严重亏损。

身在业内的唐人神集团股份有限公司（以下简称"唐人神"）同样未能幸免，成本的上升不仅导致当年度生猪养殖业务的毛利率下滑了 20.65%，且因猪价低迷，公司还计提了生猪存货跌价损失 4 298.74 万元，又对此前并购龙华农牧产生的商誉计提减值 3 008.5 万元，直接导致当年度净利润大幅下滑。

2019 年第一季度，疫情影响持续发酵，收缩产能与观望行情成为业内一大趋势。而唐人神却在 1 月 14 日对外发布可转债预案，计划募集资金 8.7 亿元，其中 5.7 亿元将投入生猪养殖项目。

为何在低迷市场下，唐人神却敢于逆势而上，扩大产能？翻开唐人神的发展史，在一体化战略下逐渐成熟的全产业链经营模式似乎给出了答案。

唐人神以生产饲料起家，在20世纪90年代初便成为湖南地区知名的饲料企业。但在公司创始人陶一山的眼中，单一业务战略绝非未来之计，企业要进一步发展，必须向外延伸。因此，1995年，唐人神先后兼并了株洲肉联厂、株洲合营养殖场，并创立了加工肉品牌"唐人神"，1996年又进入了种猪行业，一个以饲料业务为基础，并向下游延伸的一体化战略雏形开始形成。

不过，唐人神以饲料业务为中心的格局仍然没有改变，但饲料产业规模有限，公司也面临着收入结构单一、利润增长乏力等问题。而生猪养殖作为产业链的中心环节，不仅能很好地承接上下游产业，且毛利润远高于饲料业务，是一个很好的选择。可公司对生猪养殖的投入力度并不高，主要采取的委托养殖模式存在产能不稳定、防疫防害能力弱等问题。于是，自2016年起，唐人神进行了战略调整，业务重心逐渐转向生猪养殖。公司以湖南株洲为大本营，通过并购与自建的方式，先后在湖南茶陵、河北大名、河南南乐等地建成生猪自繁自养基地，逐渐形成了以生猪养殖为核心的全产业链闭环全控模式。

非洲猪瘟疫情的到来加速了生猪养殖业的规模化、绿色化进程。小型养殖户因为更易受到疫情影响而退出，一些防控不力的大中型企业也降低了产能，这无疑为生猪的下一波行情腾出空间。同时，在闭环全控模式下，唐人神又建立了猪流、物流、人流三大保障体系，极大地降低了从饲料到终端销售等环节上与外界环境的接触，保障了食品安全。这让公司在2019年的后非洲猪瘟时期抓住了猪价上升行情，当年度肉类和生猪两项业务营收分别增长72.96％与47.08％，并以不到12％的营收占比，贡献了当年度近三成的毛利润。

2020年1月，新冠疫情袭来。各地相继采取了关闭农贸市场、封城封路、延迟复工等防控措施，这对生猪养殖业的上下游流动造成巨大威胁。由于饲料等生产物资的生产和运输受阻，许多养殖企业面临缺料减产的问题，严重影响了生产的可持续性。虽然肉价因为市场供不应求而一路走高，但受全国性延迟开工的影响，产能扩张、安全设备升级等工程进度缓慢，企业供应量难以提高。同时，物流行业延迟复工影响了终端商品的供应，也暴露出许多养殖企业在物流环节的缺陷。疫情无疑限制了上下游企业间相互获取服务的能力，而唐人神依靠纵向一体化战略下形成的闭环全控优势，为自身应对新冠疫情提供了良好保障。

在养殖阶段，公司的短半径饲料运输优势保障了生猪生产的稳定性、持续性。同时，为保证安全养殖，唐人神在疫情防控期间迅速上线了生产可视化大屏、人员出入识别管理、猪车洗消烘干等小程序，实现非常时期的人车物流信息管控，为养殖场营造了安全的外围环境。在生猪销售阶段，疫情致使各地农贸市场关停，唐人神首先稳定了此前与各大超市已建立的经销渠道，安排专门团队与肉制品加工和销售企业对接，将原料仓库、加工设施前移到消费终端。同时，通过跟踪16个投放点的销售数据，唐人神不断调整供货策略。在物流环节，公司借助自有的冷链物流配送中心保障稳定、准点供货。在加工肉销售阶段，公司通过直接对接生猪养殖业务与肉制品加工业务，减少了生猪运输风险，降低了原料肉购买成本。同时，已经积攒了一定口碑和客户群的肉制品品牌通过直播销售、电商促销，也帮助解决了终端销售问题。

新冠疫情加速了畜牧行业的重构进程，唐人神决定以此为契机，以生猪养殖为突破口，加速纵向一体化战略。2020年4月27日—5月29日，公司分别与多方签署总价值超100亿元的投资框架协议，其中90%用于投建生猪养殖场，这一业内罕见的巨额投资事件令不少人质疑此番战略决策是否过于激进。

但唐人神却认为，这只是经过论证后，公司决心实现的突破机会。从其对深交所的回函和相关管理层的回应中可以看出，在资金方面，公司已经进行了相关财务规划。唐人神计划将为这些项目投入15.9亿元的自有资金，同时通过自筹方式解决其中一半的资金需求，自筹方式包括资本性融资和产业基金融资，使用银行中长期贷款的比例预计为24%，而公司目前资产负债率为51.38%，债务融资的空间还比较充足。在战略层面，唐人神2019年推出"TRS313追梦工程"，提出到2031年，要实现千亿元营收、千万头生猪规模以及30亿元净利润的目标，此次的大规模投资属于长期战略规划中的一部分，只是公司向实现追梦工程踏出的重要一步。

不过，到底是"他人笑我太疯癫"，还是"我笑他人看不穿"，还得等几年才能见分晓了。[①]

（3）实践任务及要求

1）试从经营、资源、盈利三方面考虑唐人神为什么选择了一体化战略？

---

① 案例来源：杜勇，曹磊，李佳玲，天降猪瘟到新冠疫情——从一体化战略角度看唐人神的疫情应对，中国管理案例共享中心，2021年2月27日。

2）唐人神实施的一体化战略具体包括了哪些类型？实施了什么措施？

3）一体化战略对唐人神应对疫情发挥了什么作用？它的劣势如何改进？

4）你认为唐人神转向生猪养殖的战略决策是盲目冒进还是理智突围？请结合公司内外部环境作出分析。

（注：外部环境分析可借助 PEST 模型，内部环境可从企业资源和价值链角度，或借助波士顿矩阵进行分析；还可利用 SWOT 模型进行内外环境综合分析。）

5）如果你是陶一山，除了在总体战略安排上实施一体化战略外，你还会采取哪些与之相对应的竞争战略和职能战略来保障公司的总体战略决策？

（4）实践组织方法及步骤

学生先独立进行资料阅读，并完成实践任务。接着将班级学生分成每组4～6人的小组，小组成员合作完成对实践任务的解答，并将其答题内容和思路整理成 PPT。每组派两位代表展示本小组分析成果，并邀请其他小组成员点评。待所有小组完成分析后，教师对存在问题和疑惑进行统一解答。

（5）实践思考

1）涉及内容：一体化战略的辨析与应用。

2）实践要求。

A. 小组成员自主寻找其他采用一体化战略的企业案例，并分析其采用一体化战略的原因、具体类型及实施的行为。

B. 小组成员分享自己找到的实施一体化战略企业的案例，并分析他们的一体化战略在原因、环境和具体实施策略上的异同

C. 将小组成员找到的所有实施一体化战略的企业在原因、环境、具体策略等方面的异同进行总结，形成分析报告。

3）实践注意：分析报告应包括但不仅限于实施一体化战略的企业在原因、环境、具体策略等方面的异同，小组成员应尽可能丰富分析角度。

4）实践时间：课程结束后一周内。

1.2.3　多元化战略

（1）多元化战略的概述

多元化（Diversification）战略又称多样化或多角化经营，是指企业为了获得最大的经济效益和长期稳定经营，开发有发展潜力的产品或者丰富产品组

合结构，在多个相关或不相关的产业领域内同时经营多项不同业务的战略，是企业寻求长远发展而采取的一种成长或扩张行为。

多元化战略的基础是范围经济（Economies of Scope）。范围经济是指随着经营范围和产品品种的增加，企业生产总成本低于分别生产每种产品成本的总和。它是由企业的范围而非规模带来的经济。换言之，范围经济是因企业经营范围的扩展，在不同业务间产生协同效应而带来的成本节约或效益提升，其主要基于以下几点：①投入的一种生产要素具有多重经济价值，同时又具有不完全可分性；②资本设备和生产线的多功能性，一些固定投入性质的资本设备，在一定经济时空范围内具有多种生产功能；③一种生产要素投入可重复使用；④零部件或中间产品的多种组装性；⑤企业的无形资产，如专门技术与管理知识，在扩大经营种类和范围时具有共享性。

一般而言，范围经济的效益越大，多元化经营的战略优势也就越明显。从专业化到多元化，这是大多数企业的成长过程。一个企业在初创期，由于其资源和能力有限，大多从事单一产品的生产经营活动。随着时间的推移，企业积累了更多的资源和能力，逐步扩展产品线和经营领域，向多元化发展。因此，多元化是企业发展到一定阶段的产物。

（2）多元化战略的类型

多元化战略分为相关多元化和不相关多元化两种类型（表1-2）。

表1-2　多元化战略的类型

类型	内涵	作用	表现种类	例子
相关多元化	企业基于现有的核心业务和竞争优势进入相关产业领域	明显提高资源共享性，产生协同效应；将竞争优势扩展到新的领域，形成多元业务相互支撑的格局，提高企业竞争力	技术相关、市场相关和产业相关	种业企业利用育种技术优势，将经营领域拓展到种植等领域
不相关多元化	企业进入与现有业务不相关的产业领域	拓展企业经营领域；回避经营风险；获得新的市场机会	—	养殖企业将经营领域拓展到运输、旅游、房地产等产业

（3）多元化战略的动机

1）外部诱因。 外部诱因是指来自市场或政府等方面的吸引企业进入新业务领域的外部环境因素，这些因素既可能表现为一种威胁，又可能表现为一种机会，具体包括以下三方面。

一是避免产业生态恶化。对于成熟行业而言，其市场容量是相对稳定的，具体到一个企业，其所承担的特定产品市场的劳动分工份额也是有限的，若超出了一定限度，企业享受社会分工所带来的收益就会递减。比如，一家企业的竞争行为会引发其他企业的连锁反应，竞争者通常会采取有力的应对措施来保护自己的市场份额不被侵占，从而加剧产业内竞争，导致产业生态环境恶化。这些势均力敌的企业竞争结果大多是各方利益都受到损失。因此，许多企业会采取多元化战略，通过拓展其他产业市场来增加盈利，避免与竞争者发生直接冲突。

二是分散市场风险。在经济发展过程中存在周期性波动，但不同产业和地区的经济波动曲线并不完全重叠。当经济出现波动时，专业化企业由于经营领域单一，战略回旋余地小，大多会陷于困境。多元化企业由于经营领域广，战略回旋余地大，处于不同产业的业务单元可以相互支持，从而能灵活应对市场变化，抗风险能力较强。与相关多元化相比，不相关多元化分散风险的作用更加明显。

三是政府反垄断措施的影响。为了维护竞争的公平性，许多国家都制定了反垄断法规。反垄断法规包括反托拉斯、剥离大企业等内容，其目标之一就是防止出现过度的产业集中。当企业扩大某一产品市场份额的行为超出反垄断法规的限制时，其扩张成长行为就会被制止。为此，企业常常改变扩张成长的方向，谋求在不受法规限制的产业领域扩张成长。

2）内部诱因。内部诱因是指来自企业内部的，促使其采取多元化成长战略的因素。从本质上讲，内部诱因在多数情况下都是主动性的，是为了充分地利用和开发企业现有剩余资源。有时，当企业的能力不能较好地匹配当前市场需求时，企业就会实施防御性多元化经营战略，内部诱因主要表现在以下三方面。

一是充分利用剩余资源。充分利用剩余资源是为了获取范围经济。企业积累的未利用内部资源是其打入新市场的原动力。在其他条件不变的情况下，企业研究开发费用与销售额的比率以及广告费用与销售额的比率越高，存在剩余资源的可能性就越大，就越有可能积极实行多元化战略。

二是目标差距诱因。一般来说，如果企业能够达到既定目标，那么开拓新产业领域、实行多元化战略的动力就不大。反之，企业的经营现状与所期望的目标差距越大，采用多元化战略实现成长的可能性就越大。多元化成长不同于一般经营决策，涉及进入新的产业，属于企业重大战略决策。只有当目标与现实方案差距过大时，才有可能考虑改变原方案，采用多元化战略。

三是纵向一体化成长中的不平衡。纵向一体化成长中会形成庞大的销售、制造、采购、原料生产、运输和研究开发方面的设备和资源，而各阶段的资源和能力会出现经常性的不平衡。这种不平衡产生的不经济性成为促使企业多元化成长的经常性压力，由纵向一体化走向多元化是企业多元化成长的重要轨迹。

（4）多元化战略的应用条件

1）新兴产业。一个新兴产业的诞生大都是重大技术创新的结果，由技术创新会引发一系列产品创新，进而产生相应的生产者和消费者，形成新的产业。这些新兴产业发展前景广阔，竞争相对缓和，盈利水平高。因此，实施多元化战略的企业通常会选择投资这些具有良好成长空间的新兴产业。

2）产业资源。实施多元化战略不仅有产业机会的问题，还涉及产业资源的问题。任何一个产业都是从事特定产品的生产活动，需要拥有特定的产业资源，如知识资源、人才资源和自然资源等。其中，有些资源可以通过市场交易获得，有些资源则会被少数企业垄断。企业如果不能获得这些产业资源，那就很难跨越进入壁垒，获得发展机会。

3）竞争优势。在当今竞争不断激烈的环境下，企业即使成功地进入新的产业领域，也未必意味着能够在这一产业领域得到很好的发展。企业如果不能有效地利用内外部资源，迅速建立起竞争优势，那就有可能面临被淘汰的风险，最终不得不退出。

（5）多元化战略实施的弊端

1）过分追求多元化经营会导致资源风险。多元化势必造成资源的分散化，但企业的资源和能力是有限的，多元化虽然可以充分利用企业的剩余资源和能力，但过度的多元化势必会降低某项业务，特别是重要业务，在竞争和发展中所需资源与能力的拥有量，影响企业成长。

2）过分追求多元化经营容易出现决策失误。这一弊端在企业实施不相关多元化经营战略时表现得尤为明显，不相关多元化经营大多是通过购并行为实现的。如果企业管理者对购并对象所在行业不熟悉，那么他们在新进入领域时的决策往往会出现偏差，甚至会连累企业整体经营。

3）过分追求多元化经营会造成管理质量下降。企业购并行为，特别是不相关多元化中的购并行为，会使企业的分支机构迅速增多，大大增加了企业管理工作的难度。在这种情况下，企业集团总部的管理人员不仅可能没有时间熟悉产品专门知识，而且有可能无法运用既有知识恰当评价经营单位业绩。企业集团总部因管理负荷过重而导致的管理质量下降，往往导致企业在兼并之后无法获得规模经济效益。

【案例】 新希望的多元化战略

(1) 实践目标

了解多元化战略在实践中的应用，判断企业所实施的多元化战略的具体类型及产生动机，初步具备为一般企业制定合理多元化战略的能力。

(2) 实践材料

新希望集团是一家拥有农牧与食品、化工与资源、地产与基础设施、金融与投资四大产业集群，实现了从建立伊始的单一饲料产业，继而向上下游延伸，集农、工、贸、科一体化发展的中国 500 强农牧业民营集团企业。这家企业创建于 1982 年，集团总部位于四川省成都市，员工总数超 8 万人，下属子（分）公司超过 800 家，经营业务遍布全国。目前，新希望集团旗下拥有 3 家上市公司，已成为国家农业产业化国家级重点龙头企业，它是国内最大的饲料生产企业，国内最大的农牧企业之一，拥有国内最大的农牧产业集群，是国内农牧业企业的领军者。

20 世纪 80 年代初期，国内的饲料行业处于刚刚起步的阶段，刘氏兄弟看中了饲料产业的发展机遇，于 1988 年靠着早年经营养殖场积累的资金建立了研究所，招揽了众多优秀的专家专注研究饲料的生产。次年研究所凭借科技研发猪饲料工艺，研制出中国第一个自主知识产权的饲料配方，以物美价廉的饲料产品快速地占领成都市场，三个月后销量迅速追上当时的正大。1998 年，四川新希望农业股份有限公司（现名：新希望六和股份有限公司）正式于深圳证券交易所成功上市。为了扩大和巩固市场份额，新希望集团在此期间专注于饲料生产经营产业，通过规模优势和横向一体化，对二三线城市的市场进行扩张，采取兼并收购的战略迅速整合了国内饲料行业，成了本土最大的饲料企业集团；同时设立海外饲料工厂，扩展国际市场，实施跨国经营战略。

1993 年新希望集团创始人之一刘永好在对饲料产业进行横向整合时，面对资金的巨大缺口。公司希望利用资本市场推动农牧业的投资，但直到 1996 年中国四大国有商业银行贷款总额的 85% 以上都投向了国有企业和国家建设项目，资金投资额度满足不了民营企业发展的资金需要。因此，刘永好凭借自己政协委员的优势，促成了国内首个民营股份制银行——民生银行，于 1996 年正式成立，刘永好正是民生银行初始的重要股东。2003 年新希望集团 83% 的净利润源自民生银行取得的收益，约 1.03 亿元。同年新希望集团发起设立中国民生人寿保险公司和联华国际信托投资有限公司，进一步扩展新希望金融产业的发展版图，而初涉金融业的成功彻底打开了新希望的多元化发展之门。

1996年成都的房地产刚经历第一轮开发的积累，刘永好等人意识到房地产的机会来了。于是，1998年新希望与成都市统建办共同组建成都岷江新希望房地产开发公司，耗资12亿元筹建第一个项目——锦官新城。2001—2003年新希望地产公司连续三年跻身成都楼盘销售十强。2000年9月新希望集团出资1 000万元成立新希望置业有限公司，先后开发四季全景台花苑、上海半岛科技园、昆明大商汇等大中型房地产建设项目。其中大商汇作为新希望集团投资的重点建设项目，先后荣获2005年云南地产风云榜"最具投资价值专业市场奖"等诸多荣誉称号。房地产领域的多元化成果不仅为新希望提供了坚实的资金来源，还使得刘氏兄弟更加坚定了多元化之路。

在化工产业，2000年，新希望引进国际资本，与世界银行集团国际金融公司（IFC）合资组建了现代化工企业——成都华融化工有限公司。2002年，新希望集团投资1 000万元，组建了云南新龙矿物质饲料有限公司。2003年，新希望集团收购了深圳燃气的部分股权。同年，新希望股份有限公司出资4 080万元，与南通天成保健品有限公司强强联合，共同组建了江苏天成保健品有限公司。2005年，新希望集团为了更好地管理旗下化工产业，出资设立了新希望化工投资有限公司，以期进一步推动新希望集团的化工产业发展。

在乳业产业，2001年新希望收购了四川阳平乳业公司，整合集团财务结构，搭建了集团农牧业产业化的平台。随后2002年，新希望通过兼并、收购、合作、重组等方式，先后投资数亿元兼并重组了十余家乳业企业。2003年新希望控股昆明雪兰奶业公司，至此形成了新希望乳品"联合舰队"。2006年新希望乳业控股有限公司正式成立，接手集团乳业的发展，成功搭建新希望集团在西南、华东、东北、华北市场的"乳业联盟"；同时优化资源配置和延伸产业链，成立新希望乳业事业技术中心，增加集团在乳业产业的竞争力，实现乳业产业的稳步发展。

在扩大乳品生产的同时，刘氏兄弟根据在饲料产业积累的经验，认识到食品行业竞争的焦点在于渠道，特别是牛奶、肉食品等快消品。于是，2003年新希望成立乐客多公司进军零售业，乐客多是以连锁大卖场为主的零售连锁店，包括超市、专卖店等业态，迅速成长为家乐福的强劲对手。

至此，新希望在因竞争者涌入导致的饲料行业发展危机背景下，利用全面多元化经营战略规避了经营风险，也积累了大量的资源。创办企业的刘永言、刘永行、陈育新（刘永美）、刘永好四兄弟觉得新希望集团就如一架飞机，新希望总部将是这架飞机的头，以确定方向和实施决策；饲料业则是这架飞机的身子，处于主要产业的位置；金融是飞机的左翼；房地产是飞机的右翼；而正在初步踏入的其他领域是尾翼，他们共同保证了新希望飞得更高、飞得更远。

但多元化产业布局在带来发展机会的同时，也暗藏了许多风险。

2003年年底开业的乐客多南京店，前两个月日平均销售额维持在80万元左右，但随着行业竞争愈演愈烈，乐客多业绩逐渐下滑，到2004年乐客多的日平均销售额仅10余万元，旗下零售店开始出现亏损。零售产业不仅没有给新希望带来预期的收益，更因为消费者、供应商的埋怨，反而伤及根本，影响到了新希望的品牌声誉。2005年，新希望迅速出售旗下的零售业务，不久之后完全退出了零售行业。

另外，随着房屋价格持续上涨，国家对房地产进行严格调控，陆续颁布规范房地产行业发展的相关政策，房地产行业发展逐渐走向低迷。自21世纪初期新希望大举进军房地产行业后，直到2010年新希望才又继续发展房地产业。但这次，新希望的步调以谨慎为主，2013年房地产销售额仅为20多亿元。而即便如此，由于在资金方面耗资巨大，回收期拉得太长，房地产业的经营也已经严重影响到了新希望在其他领域，特别是在农牧主业上的投资。

自此，刘氏兄弟彻底认识到，一味地追求多元化很有可能会对企业造成严重的反噬，只有把握好优势产业集中发展的主线，将金融、房地产、化工作为农牧业的辅助产业，才能真正让新希望走得长、走得远。

于是，2005年刘永好在集团内提出集团战略性调整，在行业选择上以相关性产业为主，以企业的主业发展战略为中心，进而发展相关配套产业；同时进行"从饲料到食品"的转型探索，利用饲料产业，向上游和下游进行扩展，将养殖、屠宰及加工等结合，把新希望集团打造成一个世界级农牧业企业。

从简单的饲料厂到综合性企业集团，新希望经历了40多年的风风雨雨。这期间，新希望用了10年在多元化道路上跑马圈地，经过几番磨合，最后又回归到自己最熟悉的主业，采取了新一轮的利基行动，同时逐步消化多元化经营中出现的潜在问题，提升了企业的价值，克服了多元化企业出现的诸如资金短缺、行业混杂等问题。而今的新希望可谓是深刻贯彻了"顺潮流动，略有超前，快半步"的发展智慧，以期在未来走得更稳、走得更好、走得更远。[①]

（3）实践任务及要求

1）企业多元化战略的优缺点及其适用范围是什么？新希望集团选择多元化战略的动机是什么？

2）简述新希望集团自成立以来主要经历了哪些多元化历程。其在实施多元化经营的过程中又采取了怎样的进入策略？

3）比较不相关多元化和相关多元化的异同，讨论新希望集团的不相关多元化及相关多元化业务对企业的影响？

4）现实中，多元化战略成功的例子不少，失败的也不胜枚举。那么，新希望集团的多元化经营之路可以为其他企业提供哪些可供借鉴的经验？

（4）实践组织方法及步骤

学生独立阅读案例并以书面形式完成实践任务的作答。作答完成后班级内部统一回收，并错位发放，保证每位同学拿到其他同学的作答分析。以4～6人为单位，对班级成员进行小组划分。小组内部讨论实践任务分析结果，并对成员手中其他同学的分析结果进行批注，提供完善建议与思路。共同批注完成后再次将书面作答回收，并发放给本人。本人在拿到其他小组补充建议之后，再次进行小组讨论，形成本小组的最终分析成果。教师邀请班级小组对实践任务进行回答分析，并进行点评。

（5）实践思考

1）涉及内容：多元化战略的辨析与应用。

2）实践要求。

A. 小组成员共同寻找一家现已实施多元化战略的企业，或适合实施多元化战略但仍未实施的企业。

B. 为该企业补充新的多元化实施方式，或提出应减少多元化方向的建议，或为其制定完整的多元化策略实施方案，并提供实施的理由。

C. 小组成员针对实施的措施及具体策略进行分享，并根据成员的不同回答进行补充与修改。

D. 形成针对该企业的多元化战略实施报告。

3）实践时间：课程结束后一周内。

---

① 案例来源：肖莹，杨嘉璠，陈利，以稳求进，以进固稳——新希望集团的有限多元化战略，中国管理案例共享中心，2020年9月2日。

1.3　业务层战略实践

1.3.1　成本领先战略

（1）成本领先战略的含义及类型

成本领先战略（Cost Leadership Strategy）也称低成本战略，是指企业通过有效途径降低成本，使企业的全部成本低于竞争对手的成本，甚至成为同行业中最低的成本，从而获取竞争优势的一种战略。该战略的理论基础有两个：一是规模经济效益，即单位产品成本随生产规模增大而下降；二是学习曲线效应，即单位产品成本随企业累积产量增加而下降。

根据企业获取成本优势的方法不同，我们可以把成本领先战略划分为简化产品型成本领先战略，改进设计型成本领先战略，材料节约型成本领先战略，人工费用降低型成本领先战略，生产创新及自动化型成本领先战略五种主要类型。

（2）成本领先战略的应用条件

通过对一些行业和企业的研究发现，只有处在下列外部环境中，并满足必要内部条件的企业（表1-3），成本领先战略才会取得较好的成效。

表 1-3　成本领先战略的应用条件

外部条件	现有竞争企业之间的价格竞争非常激烈； 企业所处产业的产品基本上是标准化或者同质化的； 实现产品差异化的途径很少； 多数顾客使用产品的方式相同； 消费者的转换成本很低； 消费者具有较大的降价谈判能力
内部条件	企业产量达到规模经济； 企业有较高的市场占有率，能够严格控制产品定价和初始亏损； 企业使用先进的生产设备提高生产效率； 企业严格控制一切贸易开支，全力以赴降低成本和研发、服务、推销、广告及其他一切费用

（3）成本领先战略的优势与劣势

1）优势。

A. 抵御现有竞争对手的对抗。企业已拥有低成本的优势，可以在竞争中以竞争对手无法获利的价格保证企业的利润。

B. 抵御购买商讨价还价的能力。面对强势购买商要求降低产品价格的压力，处于低成本地位的企业在进行交易时握有更大的主动权，可以在一定范围内接受购买商的降价要求。

C. 灵活地应对供应商的提价行为。当强势供应商抬高企业所需资源的价格时，处于低成本地位的企业可以有更多的灵活策略来解决困难。

D. 形成进入障碍。企业已经建立起的生产规模和成本优势，使欲加入该行业的新进入者望而却步，形成进入障碍。

E. 建立相对替代品的竞争优势。在与替代品竞争时，低成本的企业可以通过降低价格的方法稳定现有顾客需求，使之不被替代品所取代。

2）劣势。

A. 行业技术变化导致优势丧失。行业技术变化导致产品生产工艺有了新的突破，这会使企业丧失过去大量投资和由此产生的高效率优势，使竞争对手比较容易以更低成本进入该行业，造成对原有企业的威胁。

B. 忽视顾客需求变化。如果企业高层领导将注意力过多集中在成本领先战略，可能会导致企业忽视顾客需求特性和需求趋势的变化，忽视顾客对产品差异的兴趣，忽视顾客对价格敏感性的降低。而且企业拘泥于现有战略的选择，就很有可能被采用产品差异化战略的竞争对手击败。

C. 高成本投入导致反应迟钝。由于企业集中大量投资于现有技术及设备，可能会对新技术的采用及技术创新反应迟钝。同时，由于使用专用设备，资产专用性很强，退出壁垒很高，原设备的巨额投资成了企业战略调整的巨大障碍，如果企业不愿为战略调整而付出巨大代价，企业由此会陷入被动地位。

D. 价格下降引起利润率降低。对低成本企业来说，薄弱的利润会大大增加企业资金回流的难度，企业除了出于抢占市场等其他战略目标的需要，至少应该将降价幅度控制在总体利润不减少的范围之内。

E. 新加入者模仿。行业中新加入者能够通过模仿、总结前人经验或购买更先进的生产设备，以更低的成本参与竞争，后来居上。此时，企业会丧失原有的成本领先地位。

因此，企业不能太专注于降低成本而削弱了自身可持续发展能力。对此，学者们提出了"战略成本"概念以解决此问题。企业必须采取重要措施确保成本优势的持久性，而不能"一叶障目"，导致产品其他方面（如产品性能、质量、差异化等）的恶化。

（4）成本分析方法体系

成本分析的目的在于揭示企业成本的优势和劣势，从而为确定目标成本和实施成本控制提供科学的依据。实施成本领先战略，从企业自身考虑，价值链分析、战略定位分析和成本动因分析是最基本的方法；从企业和顾客两方面考虑，还应进行产品寿命周期成本分析。

1）价值链分析。价值链是指企业一系列互不相同但又相互关联的经营活动所形成的创造价值的动态过程。价值链反映出企业经营活动的历史、重点、战略、实施战略的方法以及未来的发展趋势，因此，价值链分析成为成本领先战略的基本出发点。通过行业价值链分析可以明确企业在行业价值链中的位置，分析自身与供应商和顾客价值链的关系，充分利用供应商和顾客的价值链活动，降低成本，调整企业在行业价值链中的位置与范围，把握成本优势。通过企业内部价值链分析，企业可以找出最基本的价值链，然后分解为单独的作业，考虑该作业所占成本的比重，揭示哪些是增值作业，哪些是非增值作业，探索提高增值作业的效率，达到降低成本的目的。

2）战略定位分析。从战略成本管理的角度看，战略定位分析就是通过战略环境分析，确定应采取的战略，从而明确成本管理的方向，建立起与企业战略相适应的成本管理战略。确定了企业的战略定位，实际上就确定了企业的资源配置方式及相应的管理运行机制。因此，只有通过战略定位分析，将成本管理同具体的战略相结合，才能体现出成本管理战略应有的管理效益。

3）成本动因分析。在经过价值链分析和战略定位分析后，还需要通过成本动因分析进一步明确成本管理的重点。所谓成本动因是指引起产品成本发生变动的因素，即成本的诱致因素。通过成本动因分析首先要尽可能把成本动因与特定价值作业之间的关系量化，并识别成本动因之间的相互作用，从而对成本动因进行战略上的权衡与控制；其次要从战略上分析、查找、控制一切可能引起成本变动的因素，从战略上考虑成本管理，以控制日常生产经营中大量潜在的问题。

4）产品寿命周期成本分析。对产品寿命周期成本的全面计量和分析，有助于企业更好地计算产品的全部成本，做好产品的总体成本效益预测，有助于企业根据产品寿命周期成本各阶段的分布状况，确定进行成本控制的主要阶段，有助于扩大对成本的理解范围，从而在产品设计阶段考虑顾客使用成本与产品报废成本，以便有效地管理这些成本。

（5）成本领先战略实施方式

企业的成本源于其价值链的效率，价值链效率的提高，可通过两种途径来实现：一是从宏观上改善整条价值链；二是在价值链基本不变的前提下，对单个价值活动的效率予以改善。因此，成本领先战略的实施包括两个层面的内容：一是企业价值链的重组；二是控制价值活动的成本行为。

1) 企业价值链的重组。 企业价值链重组，是指企业对现有价值链进行大幅调整或重新设计，以不同于竞争对手的方式更高效地进行设计、生产、分销或销售。价值链的重组，随时都可能发生。一方面，企业改善成本结构的内在动力会引发价值链重组；另一方面，不断发生变化的技术或市场环境也会对企业施加压力，迫使其进行价值链的重组。比如，新工艺、新技术与新材料的出现会迫使企业对价值链的生产环节进行重组；顾客购买行为的变化，会迫使企业对价值链的销售与分销环节进行重组；供应商的变化以及厂房设施的改变，会迫使企业对价值链的采购环节进行重组；宣传媒介的改变与消费者信息接受方式的变化，会促使企业对价值链的广告宣传环节加以重组。

2) 控制价值活动的成本行为。 在企业的整体成本结构中，各价值活动的地位有所不同。企业控制价值活动的成本行为应首先瞄准占总成本比例较大，或比例在不断增大的价值活动。价值活动的成本行为，取决于影响成本的一些结构性因素，即成本驱动因素。因此，控制价值活动成本行为的实质，是对相关成本驱动因素的控制。控制成本驱动因素，即减少各成本驱动因素的不利影响，一项价值活动一般受多个成本驱动因素的影响，其中对价值活动的成本行为影响较大的驱动因素，是控制成本驱动因素工作的重点，对成本驱动因素的控制主要关注以下几个方面。

一是规模的控制。企业的生产规模应该控制在适当的范围内，活动规模过小，会因固定成本及无形资产的分担范围过小而导致规模不经济；活动规模过大，又会因协调过于复杂而带来规模不经济。因此，规模经济取得与否，不是以规模的绝对大小来衡量，而是以规模的相对适合程度来衡量。

二是学习的控制。学习过程并非完全自发地实现，其在很大程度上依赖管理层与员工的努力与重视程度。管理层必须倡导学习，并为学习制定目标，努力促使企业向学习型组织发展。学习的范围不仅限于生产运作，还可涉及基础设施建设、采购等多个领域。学习的对象，不能仅限于经营单位内部，还应向企业内其他经营单位学习，向其他社会组织与个人学习，尤其应注意向竞争对手学习。另外，企业应珍惜学习成果，积极主动地将学习成果在企业内传播，以便学以致用；企业也应保护学习成果，以防学习成果为竞争对手窃取，有损企业的相对成本地位。

三是产出能力利用率的控制。产出能力利用率的高低，不仅受企业竞争地位的影响，而且与季节性、周期性及其他供求波动有着紧密的联系。因此，衡量产出能力利用率的高低，应从长期与整体的角度予以衡量，而不只是评价短期、局部的产出能力利用率。要提高产出能力利用率，就要在对顾客需求量予以保证的前提下，降低备用产出能力。它可通过两种途径予以实现：一是均衡需求，减少需求波动；二是提高产出柔性，增强企业对需求波动的适应能力。均衡需求的途径有多种，如实施季节差别定价、加大淡季促销活动投入、改善产品的周期性与季节性、选择需求波动小的买方与市场等。提高产出柔性的途径也有很多，如提高生产线的柔性、拓宽员工的业务能力、与企业内其他经营单位共享某些活动与资源等。

四是控制活动之间的联系。价值链由一系列相互关联的价值活动组成，价值活动之间的联系，导致许多活动之间存在成本相关，如采购与库存、工艺创新与原材料供应、生产控制与质量检验等。认识控制活动间的成本相关，是企业寻求整条价值链成本最低的必要环节。

五是同其他经营单位联系的控制。经营单位之间的价值活动共享可在多个领域展开，如技术开发共享、采购共享、生产作业共享、内部后勤共享、市场营销与销售共享等。价值活动共享为企业提供了降低原有成本的机会，但同时也带来了增加新成本的可能。成功的价值活动共享具有两大特征：一是活动规模扩大有利于降低成本；二是共享费用（主要包括协调成本、妥协成本和僵化成本）较低。

六是纵向联合的控制。纵向联合的实质，是通过信息相互沟通来降低企业间合作的盲目性与不确定性，以相互信赖来消除狭隘的自利行为。在市场环境瞬息万变、竞争残酷激烈的当下，柔性与经营可靠性成为企业极为关注的问题。有效的纵向联合，比纵向整合（将活动纳入企业内部）更具柔性，比纯粹的市场采购更可靠。纵向联合的合理利用，有可能使合作双方皆受益。

七是时机选择控制。实证研究表明，企业进入市场的时机与企业成本优势的获得密切相关。究竟是率先进入市场更有利还是跟随者更易获得优势，因产业而异。在一些产业，似乎显著的成本优势只属于率先行动者，因为率先行动者能够通过占据最佳的地点、雇用优秀的雇员、选择最佳的供应商和买断专利等手段阻碍跟随者的发展。而在另一些产业，似乎迟到行动者更易获得成功，因为该产业的技术瞬息万变，迟到者可以适时观察并以低成本效仿先行者的行动，时机选择不仅仅涉及市场进入这一重大决策，它还涉及一些其他活动，如购买行动（在市场疲软时购进机器、设备等，将为企业节省大笔支出）、生产加工等。

八是企业内部政策的控制。企业内部政策，是企业战略意图的集中反映，即以低成本为出发点来制定和修改企业政策。

九是地理位置的控制。价值活动的发生位置，以及企业与供方和买方的相对地理位置，通常对诸如工作效率、后勤效率和货源供应效率等方面具有显著的影响。活动的最佳地点，并非一成不变，而是受内外环境的影响而不断变化。因此要控制地理位置，为上述方面提供优化的可能。

十是国家政策与法规的控制。企业在国家政策与法规面前，并非完全被动地接受，企业完全可以对其施加积极的影响。

【案例】中国圣牧的成本领先战略

(1) 实践目标

了解成本领先战略在实践中的应用，掌握企业实施成本领先战略的具体条件及措施，初步具备为一般企业合理制定成本领先战略的能力。

(2) 实践材料

中国圣牧有机奶业有限公司（以下简称"中国圣牧"）成立于2009年10月，公司总部设在内蒙古自治区呼和浩特市如意南区沙尔沁工业园区。自成立以来，中国圣牧以发展精品奶源基地为核心，在乌兰布和沙漠建设大型有机草牧场，形成"牧草种植—奶牛养殖—原料奶和有机液态奶生产及加工"的全程有机产业链条。成立十余年，中国圣牧历经了过山车般大起大落的发展历程。

中国圣牧缘起于创始人姚同山的一个承诺。2008年三聚氰胺事件爆发，乳业混沌动荡，国民愤慨谴责。中国载人航天都能攻克，怎连打造一杯安全好奶都束手无策？姚同山在一次新闻发布会上，做出一个郑重承诺："我们中国人一定能造出世界上最好的牛奶"，但这个承诺并不容易实现。优质鲜乳的根基是奶源纯净，当时我国乳制品行业的上游奶源建设是短板，若想牛奶的品质得到保障，必须从源头上根除草料、奶牛、加工环节的污染。于是，他把牧场开辟在了荒草不生的乌兰布和沙漠。乌兰布和沙漠东部地下水资源丰富，素以"沙下一米可开泉"著称，为引水灌溉提供了便利。沙层下是红胶泥层，泥沙均匀搅拌之后，可增强土壤黏性，涵水保肥，为种植牧草提供了有利条件。更为重要的是，在沙漠里养牛，外围的沙丘如同天然隔离带，将污染与病源隔绝于外。沙漠里早晚温差大、气候干燥，不利于各种病虫害的发生，因此种植的牧草也无需施用农药，在乌兰布和沙漠里种草、养牛，是纯粹的有机生产。

自然环境优势为圣牧提供了发展基础，但要想在不毛之地建厂生产，还需要付出更多。为了找到适合沙漠的种植模式，中国圣牧创业团队走访了20多位牧业、种植业、沙产业的科技专家，在反复试验后，终于摸清了土、肥、水、种的适应情况，规划了系统化的沙产业体系，研究出了适合在沙漠里种植的树木、作物。为了提高奶源品质，圣牧牛场牛均占地 $60\sim80$ 米^2，牛舍内严格遵循卫生标准，并配备有专门的营养师，建立专业的保健体系、专属的环境体系。为充分考虑奶牛的动物福利，奶牛的饮水经过反渗透技术净化并定时进行化验，奶厅里不时播放音乐以舒缓奶牛紧张情绪，降低奶牛之间打架的可能性，避免不必要的财务损失。中国圣牧采用"草场—牧场—工厂"全封闭式有机循环，草场、牧场、工厂均属于圣牧乳业自家旗下，没有外源收奶，不必外包加工，杜绝了中间环节发生质量安全纰漏的可能性。不仅如此，中国圣牧还引进了全球最先进的瑞典利乐 A3 无菌灌装生产设备，严格遵循有机奶的加工流程，力求"零污染"。液态奶产品的所有原料奶均由专属有机牧场供应。在生产过程中严格遵循"零香精、零色素、零防腐剂"，致力兑现"纯牛奶、真有机"的品质承诺。

高品质的生产过程势必带来生产成本的上升，在奶源企业竞争激烈的情况下，控制成本是圣牧的必然选择。财务管理出身的创始人姚同山对成本控制有着深刻的理解，他对中国圣牧各环节的管理有着这样的阐述："在预算垂直管理的基础上，从低效走向高效，5 项标准化管控和 40 个点的紧密跟踪，使传统的畜牧业养殖管理体系从被动走向主动，从粗放走向精细；使管理团队主动进行精细化管理；使我们的管理费用和成本远远低于同行。抛弃粗放式管理，进行集约化精细管理，使产奶成本处于行业前列水平，而这建立在保证有机奶质量和严密的考核之上。"

中国圣牧实现饲料生产、奶牛养殖和乳制品加工环节规模化、标准化和机械化管理，并形成了全程有机产业链条。有机饲草料基地包括有机肥料加工厂、叶面肥生产厂，并配备了液态肥施肥系统。有机牧场均建在草场中心区域，设有办公区、生活区、饲草料区、养殖区、挤奶区，建有多座宽敞明亮、配套齐全的牛舍，配备有兽医处置室、青贮窖、有机粪肥处理厂、机械库及饲草料加工、清粪等机械。在生产加工方面，中国圣牧采用了国际先进设备，并制定了严格的质量控制和工艺流程。除此之外，内蒙古当地政府对中国圣牧也给予了大力支持。为加快推进现代农牧业高质量发展，改善乌兰布和沙漠的生态环境，内蒙古自治区巴彦淖尔市磴口县政府积极探索治沙道路，引进和培育了除中国圣牧以外的多家沙产业龙头企业，形成了独特的沙产业发展体系。

在上述各种外部事件和内部措施的合力下，中国圣牧既保证了牛奶的品质，同时又将成本降到了最低，以高性价比吸引了大量下游乳制品加工企业（B 端业务）。2009—2014 年，短短几年时间，中国圣牧从一个由核心成员组成的创业团队，一举成为国内最大的有机原料奶供应企业、国内唯一一家符合欧盟有机标准的有机乳品公司，并成为伊利、蒙牛两大乳业巨头的主要有机奶源供应商。2011—2014年，中国圣牧营业收入每年几乎翻倍增长，至2014年上市之时，中国圣牧的营业收入从2011年的3.89亿元增长至2013年的11.44亿元，年均复合增长率高达71.5%，成为"全球有机奶第一股"。

　　同一时间，市场上高端白奶的消费规模稳定增长，有机奶作为高端白奶中最具代表性的品类，总体市场规模由2011年不足30亿元高速增长至2017年的近140亿元，年均复合增速达31.48%。但在原料奶供给端，自2014年起，因受国际原料奶供求关系影响，原料奶价格持续下跌，利润空间被大幅压缩。找寻新发展机会的中国圣牧选择于2015年正式进军有机液态奶客户端（C端）业务。其快速推出了包括有机全脂奶、有机低脂奶、有机儿童奶、有机酸奶、有机沙棘酸奶、有机儿童酸奶六个品类。其中有机全脂奶发展出了挚醇、名醇、品醇、优醇等多个子品牌。除此之外，圣牧还推出了含有沙漠中常见的沙棘成分的有机沙棘酸奶和独创的酸奶冷鲜机。在品牌营销上，中国圣牧通过包装传播、品牌活动传播、展会传播、在线传播、线下传播五大板块进行了多维度的宣传，打造"有机牛奶第一品牌"的形象，在地铁、公交、电视广告上也有着持续的投入。

　　C端的迅速布局让圣牧顺利进入市场，但在产品、营销和渠道上的投入也直观地反映到了液态奶的销售成本中，2015年有机液态奶销售成本接近8亿元，是2014年3.05亿元的2.6倍。2016年成本增速虽然放缓，但也增加了将近2亿元，达到10亿规模。除此之外，外部大环境中，新西兰、美国等全球主要奶源产区持续扩大产能，国内乳业产业进入持续寒冬期，奶源过剩成了所有大型牧场的主要问题，中国圣牧也未能幸免。

　　一方面是C端市场的巨大开支，另一方面是过剩产能的持续压力，中国圣牧选择了以价换市，并于2017年年初开始接近疯狂。在该阶段，圣牧把所有高端有机奶卖成了"白菜价"，一款有机奶的最终价格比普通牛奶还便宜。圣牧还将牛奶送进高校，只要师生在食堂窗口买早餐，无论消费了多少，均可免费获得一盒圣牧有机奶。这一活动持续了整整一个月，但活动期间没有任何人员进行数据收集或市场调研活动。2017年，中国圣牧有机液态奶产品销量和销售收入双双下降，较2016年降幅分别为21.7%和31.8%。2018年，中国圣牧母公司拥有人应占亏损高达22.25亿元，亏损额同比增长了119.2%，中国圣牧资金链濒临断裂，急需止亏。

姚同山面对这一现状心痛不已，但他清醒地看到圣牧虽然亏损严重，但其拥有沙漠有机奶源优势，生产环节也没有问题，而造成今天这一局面的原因是圣牧市场营销方面的能力很差，营销成本太高，目前最好的办法就是卖出下游工厂，弃车保帅，降低成本。

正在他寻找合作对象时，蒙牛向他伸出援手。2018年12月24日，中国圣牧宣布其全资附属公司圣牧控股、圣牧高科向内蒙古蒙牛乳业（集团）股份有限公司以仅仅3.034亿元人民币出售合计持有的内蒙古圣牧高科奶业有限公司51%的股权，并成立新的合资公司。中国圣牧将所有下游乳制品业务链及相关资产转让给蒙牛，不再从事下游乳制品业务。2020年1月，蒙牛收购了中国圣牧剩余49%的股权。未来3年，中国圣牧至少80%的生鲜乳将供给蒙牛，同时将获得蒙牛贷款财务资助。

甩掉成本包袱后的圣牧重整旗鼓，与蒙牛联合推出新的特仑苏纯牛奶和有机奶，新产品的乳蛋白和钙含量均高于以往的产品，分别为每100毫升3.8克和120毫克，用于对标伊利金典的纯牛奶和有机奶。2019年，中国圣牧销售收入25.39亿元，期内实现利润约2 774.2万元，经营成本大幅降低，最终实现了扭亏为盈。

十年时光，十年轮回。中国圣牧在历经大起大落后终于回到了正轨，而这条正轨又貌似和当年崛起时的路没什么两样。前半场一路高歌猛进的中国圣牧为何会在后半场摔得如此惨痛？而它被蒙牛收购后为何能够迅速止血？中国圣牧十年浮沉背后的原因和教训值得复盘、深思和学习。①

（3）实践任务及要求

1）2009—2014年，中国圣牧如何做到在短期内高歌猛进，迅速上市的？

2）中国圣牧在前期实施成本领先战略的内外部条件是什么？

3）中国圣牧采取了哪些方式控制企业成本？

4）前期的成本领先战略给中国圣牧带来了什么优势？

5）核心竞争力是企业在长期生产经营过程中的知识积累和特殊技能（包括技术、管理等）以及相关资源（如人力资源、财务资源、品牌资源、企业文化等）组合成的一个综合体系，是企业独具的、能支撑其竞争优势的

---

① 案例来源：谷征，赵海旭，向南，等，"全球有机奶第一股"中国圣牧的战略摇摆，中国管理案例共享中心，2021年6月21日。

一种能力。在 10 年跌宕起伏的经营历程中,中国圣牧凝聚了哪些核心竞争力?

6) 中国圣牧为什么会在后半场摔得如此惨痛?

7) 2018 年年底"贱卖"资产给蒙牛后,中国圣牧为何能够迅速扭亏为盈?

(4) 实践组织方法及步骤

学生先独立阅读资料,并初步完成实践任务,后针对任务分组,每组 4~6 人开展小组讨论。小组讨论结束后,每组派一位代表陈述本小组分析成果,并邀请其他小组进行点评。待所有小组完成分析后,教师统一点评总结。

(5) 实践思考

1) 涉及内容:成本领先战略的应用。

2) 实践要求。

A. 案例中对中国圣牧的分析主要集中在 2020 年之前,现请小组成员分工合作,继续追踪中国圣牧近年来的策略安排、成本领先战略的实施措施、取得的成就及存在的问题。

B. 完成资料收集后,小组成员集中探讨近年来中国圣牧实施的成本领先战略及其对企业发展的影响,并为中国圣牧下一步战略决策提出建议。

C. 将以上内容进行总结,小组成员共同完成不少于 2 000 字的总结分析报告。

3) 实践时间:课程结束后一周内。

1.3.2 差异化战略

(1) 差异化战略的概念

差异化战略的核心是为消费者提供具有独特价值的产品和服务,与竞争者形成明显的区别。这种独特性不但可以体现在产品功能和质量等物理性能上,还可以体现在品牌和服务等无形的方面。随着技术创新速度不断加快,许多产业的产品在物理性能上表现出趋同的现象,但仍可以在无形的方面体现差异化。

(2) 差异化战略的类型

根据差异化的途径不同,差异化战略可以分为以下四种主要类型(表 1-4)。

表1-4 差异化战略的类型

类型	定　义
产品差异化战略	在不改变产品核心价值的前提下，通过延伸、附加产品功能，或提供比竞争者质量更高的产品
服务差异化战略	主要表现在送货、安装、顾客培训、咨询服务等方面
人事差异化战略	员工的素质是人事差异化的关键，训练有素的员工应能体现出胜任、礼貌、可信、可靠、反应敏捷、善于交流这六个特征
形象差异化战略	通过塑造与竞争对手不同的产品、企业和品牌形象来取得竞争优势。形象差异化主要包括两个方面：一是品牌视觉系统（包括基础元素、应用元素）差异化，也就是说，在品牌视觉形象上具有生动、鲜明、易于识别的品牌形象设计；二是社会形象差异化，品牌在社会上具有良好的形象

（3）差异化战略的应用条件

差异化战略的应用条件包括内部条件和外部条件（表1-5）。

表1-5 差异化战略的应用条件

外部条件	存在多种途径创造企业与竞争对手产品之间的差异，并且这种差异被顾客认为是有价值的； 顾客对产品的需求是有差异的； 采用差异化战略的竞争对手很少，能够保证产品的差异性； 技术变革很快，市场上的竞争主要集中在不断地推出新的特色产品
内部条件	企业具有较强的研发能力； 企业具有较强的市场营销能力； 企业的研究与开发、产品设计以及市场营销等职能部门之间具有很好的协调性； 企业具备吸引高级研究人员、创造性人才和高技能职员的物质设施； 企业与各种销售渠道形成强有力的合作

（4）差异化战略的优势与劣势

1）优势。

A. 更好地满足某些消费群体的特定需要。差异化战略是一种极具顾客导向的战略，其目标是比竞争对手更好地满足顾客需求，其手段是为产品融入顾客需要的独特个性。独特个性的融入，使实施差异化战略的企业产品在全产业范围内与众不同。顾客欲获得这些独特性和满足某些特定需求，就必须消费该类差异化的产品。

B. 增强讨价还价能力。企业所寻求的独特性，有一部分来自其采购品的独特性，因此，供应商停止供应是实施差异化战略企业的较大威胁。但企业停止采购也是供应商的较大威胁，因为其产品的专用性使其很难找到其他买主，且向其他产品转换的成本较高。因此，供应商与实施差异化战略的企业之间，应通过合作建立相互信任。

C. 形成良好的品牌信誉和忠诚。差异化战略的有效实施，可使顾客形成对本企业产品的消费偏好，帮助企业建立良好的品牌信誉和商标忠诚。因此，新的进入者和替代品生产者想要在短时间内克服这些障碍，绝非易事。在与新的进入者和替代品生产者的较量中，首先受损失的是那些产品无特色的企业。

D. 有效回避直接竞争。实施差异化战略的企业，其产品与产业内竞争对手的产品不完全相同，其目标顾客与竞争对手的目标顾客有所差别，其供应商的选择与资源的获取有独到之处。因此，产业内其他企业一般不把其看作危险的敌人，这样也可缓解企业的竞争压力。

2）劣势。

A. 可能丧失部分客户。如果采用成本领先战略的竞争对手压低产品价格，使其与实行差异化战略企业的产品价格差距拉得很大，在这种情况下，用户为了大量节省费用，很有可能放弃取得差异，转而选择物美价廉的产品。且过度的差异化可能导致目标客户群体范围太窄，影响产品的销售推广。

B. 用户所需产品差异的因素下降。当用户更加注重产品的部分特征（如实用性）时，往往会忽略产品的其他特征和差异。

C. 大量的模仿。竞争对手不会漠视其他企业的差异化优势，它们会想方设法地学习模仿以改进自身的产品或服务，达到缩小或弥补差异化劣势的目的。

（5）差异化战略的实施

差异化战略的目标是发现并提供顾客需要的独特性，故差异化战略的实施包括三个方面的内容：一是认识独特性的来源；二是识别顾客的购买标准；三是获取与提供顾客需要的独特性。

1）认识独特性的来源。迈克尔·波特认为，独特性的来源极其广泛，其可能来自价值链上的每一个环节、每一个方面。企业在某种价值活动中的经营差异性取决于一系列基本驱动因素的影响，如果企业不能辨认这些驱动因素，它就无法找到创造经营差异性的新形式。

2）识别顾客的购买标准。差异化不是简单的标新立异，而是顾客需要的标新立异，是符合顾客购买标准的标新立异。因此，识别顾客的购买标准，是实施差异化战略的必要任务。顾客的购买标准可分为使用标准和信号标准。使用标准是指企业在满足顾客需求过程中创造价值的具体尺度。顾客购买产品是为了使用，故提供满足顾客使用标准的独特产品是提升产品买方价值的根本。而使用标准与产品的使用过程密不可分，顾客只有真正使用产品时，才能依据使用标准对产品进行全方位的整体评价。实施差异化战略的企业与顾客所共同希望的，是在使用产品之前就能对产品效用作出准确判断。因此，企业事先提供一组信号或信息以帮助顾客评价其欲购买的产品，既有利于顾客作出正确的购买决策，也有利于企业产品的销售。

3）获取与提供顾客需要的独特性。只有满足顾客需要的独特性，方具有买方价值与市场价值。企业获取独特性的途径有两条：一是重组价值链；二是在现有价值链基本不变的前提下，控制各价值活动中的独特性驱动因素，如内部政策、经营单位之间的联系、规模等。

【案例】 蒙草生态的差异化战略

（1）实践目标

了解差异化战略在实践中的应用，掌握企业实施差异化战略的具体条件及措施，初步具备为一般企业合理制定差异化战略的能力。

（2）实践材料

蒙草生态，全名内蒙古蒙草生态环境（集团）股份有限公司，成立于2001年，原名内蒙古和信园绿化有限公司，由三家规模不大的花店发展而来，成立初期经营业务主要以销售花卉和承包小区及广场景观布局工程为主。

随着经营业务渐入佳境，企业创办人王召明发现很多小区和单位为了追求高贵、美观、上档次的绿化效果，大量使用从南方乃至国外引进的植被，这些"娇生惯养"的奇花异草不仅价格高昂，到了北方还不耐寒、不抗旱。物业管理方嫌养护费用过高，而不愿养护，一些曾经美丽的绿化渐趋荒废。这个问题迅速引起了王召明的注意，也让他找到了从花卉转型的发展方向，那就是利用原产于当地的草种，寻找适宜当地的绿化方式。

他在众多质疑声中从野外引种，并三顾茅庐请内蒙古农业大学的老专家们帮助自己解决移植难题，最终实现了将草原本土植物引入园林项目的目标。这一成果在国内尚属首次，且经过大量实践证明，这一方式具有工程高性价比、植物高生命力及低维护费用、低耗水量、低成本的特点。至2005年，蒙草生态已经培育出10多种植物品种，在业界名声大噪，这些"金种子"产品成了当时蒙草生态的核心武器。

蒙草生态事业蒸蒸日上，但善于居安思危的王召明此时的心绪却不如嫩草一样生机勃勃，他想这些年公司利用这些"金种子"获利良多，但很多同行也都想要分一杯羹，于是纷纷效仿蒙草生态的发展模式，开发草种、抢占市场。蒙草生态如果亦步亦趋地走老路，仅仅靠着当前的"金种子"来面对挑战，迎接它的还是这种风平浪静的大好光景吗？

越思考王召明越觉得产品研发势在必行，蒙草生态必须扩大自己的差异化优势，才能获得更广阔的发展空间。于是他决定，除了种业的研发升级，蒙草生态还要走生态事业之路。

生态修复属于长期事业，不可能一蹴而就，蒙草生态深知这场转型要打持久战，所以没有放弃当前已经创造的优势和市场中的机会，反而是继续扩大并利用先前打下的成本领先优势，为后期的差异化战略储备资源，同时制定较为完备的转型计划。

1）因地制宜：树立品牌形象。蒙草生态的目的是在绿化上节水降成本，这就是其在经济效益上与其他园林绿化公司不一样的地方。从使命建设而言，蒙草生态不仅仅要做绿化城市的企业，也要反馈土地、绿化草原、绿化野外。于品牌形象而言，旧中求变，延续部分绿化理念，使命营销与成本缩减相得益彰；浅中求深，引入生态品牌形象，逐步丰富品牌内涵。

2）自给自足：延伸产业链。保护生态环境的最佳方法就是实现生态的最优循环。先前与高校合作研发，让蒙草生态声名大噪的引种节水方法值得沿用，因此在引种节水的基础上，蒙草生态继续扩大与各大高校的合作，扩大蒙草生态的研究院，延长其价值链以实现产学研运营的最优循环，促进高校的科学技术研发与企业的实际应用快速对接，加速成果转化率，提高企业的自主创新能力和资源能动性，培养难以模仿的自主核心技术，尽快使蒙草生态从园林绿化中实现转型升级。

3）价值创造：差异化定位。当企业可以为顾客群提供具有不同价值或特点的产品和服务时，那么其就可以在与其他公司竞争时发挥竞争优势。蒙草生态深知要想更好地防沙抗旱，建立差异化品牌优势，当前的种质资源是不够的，所以需要利用研究院研究新种质以建立种质资源库。当其他公司依旧从外部用高价引入草种、花种，或是模仿蒙草生态的研发模式时，蒙草生态已经走在科技道路的前端，自己打造易成活又耐寒，或具有其他属性的核心草种，成功培育抗旱品种。蒙草生态不仅开发、销售差异化产品，还将提供长期的售后服务。

特色的抗旱植被产品，健全的种质资源库，完整的差异化战略模式使得蒙草生态迅速得到市场的青睐，2012年蒙草生态作为首个生态修复领域企业在创业板上市。

2014年春节前，习近平总书记赴蒙草生态公司视察，在展览厅和研究院中详细了解了企业发展草产业、致力驯化野生植物应用于生态恢复和生态环境建设的情况，并对企业发展提出了殷切的期望与祝福。习近平总书记的到访坚定了蒙草生态坚持走差异化道路，注重生态科技研发的信心，凭借一棵小草也能成就一番大事业。[①]

（3）实践任务及要求

1）面对日益增强的成本压力和竞争压力，蒙草生态在园林绿化行业形势大好的时期，作出从"市场竞争"向"使命驱动"的重大战略转型。与其他那些趁着好时机乘胜追击的园林绿化公司相比，蒙草生态这一战略转型决策合理吗？为什么要进行战略转型？

（注：战略转型是企业在经营出现危机的情况下，为保证生存对组织的使命目标、结构、企业文化等方面作出重大改变。）

2）蒙草生态在实施差异化战略过程中面对了哪些威胁？

3）蒙草生态在哪些领域实施了何种类型的差异化？

4）差异化战略的实施给蒙草生态带来了哪些积极影响？

5）蒙草生态一直采用差异化战略吗？蒙草生态为什么要这样做呢？

（4）实践组织方法及步骤

学生独立阅读资料并完成实践任务，接着各自将实践任务完成结果整理为文字材料。整理结束后，由教师牵头组织、学生自愿参与，开展班级范围内讨论，每个问题可邀请2~3名同学进行回答，并邀请1~2名同学进行点评。待所有问题回答结束后，教师统一点评总结。

（5）实践思考

1）涉及内容：差异化战略的辨析与应用。

2）实践要求。

A. 小组成员自主寻找其他采用差异化战略的企业案例，分析其实施差异化战略的类型、条件及优劣势，并归纳其实施的具体过程及效果。

B. 小组成员分享自己找到的实施差异化战略的企业案例，并分享讨论

---

① 案例来源：长青，侯雪茹，张璐，从市场竞争到使命驱动——蒙草的战略转型之路，中国管理案例共享中心，2018年10月22日。

他们在以上方面，但不局限于以上方面的认识。

C. 小组成员共同对分析内容及结果进行整理，形成分析报告，并总结出企业在实施差异化战略时应注意的重点。

3）实践时间：课程结束后一周内。

1.3.3　集中化战略

（1）集中化战略的概念

集中化战略（Focus Strategy）是指企业以某个特殊的顾客群、某产品线的一个细分区段或某一个地区市场为主攻目标的战略思想。这一战略整体围绕着为某一特殊目标服务，通过满足特殊对象的需要而实现差别化，或者实现低成本。集中化战略常常是成本领先战略和差异化战略在具体特殊顾客群范围内的体现。

（2）集中化战略的类型

1）成本集中战略。 成本集中战略是一种基于低成本优势的集中化战略。它为某一特定消费群体低成本地提供产品和服务，特别是那些难以标准化生产，不易形成规模经济的特殊产品或复杂产品。与成本领先战略不同，成本集中战略服务于狭窄的细分市场，而不是服务于整个产业市场。由于成本集中战略的市场范围小，企业可以更迅速地响应市场变化。

2）差异化集中战略。 差异化集中战略是一种基于差异化优势的集中战略，它是在利基市场上突出其产品和服务的特色。与差异化战略不同，差异化集中战略服务于狭窄的细分市场，而不是同时服务于多个细分市场。由于集中战略的服务范围较小，因此可以更好地了解顾客和市场，有针对性地提供更好的产品与服务。

（3）集中化战略的应用条件

集中化战略的应用条件有以下几点。

一是企业具有完全不同的用户群，这些用户或有不同的需求，或以不同的方式使用产品。

二是在相同的目标细分市场中，其他竞争对手不打算实行集中化战略。

三是企业的资源不允许其追求广泛的细分市场。

四是行业中各细分市场在规模、成长率、获利能力方面存在很大差异，致使某些细分市场比其他市场更具吸引力。

（4）集中化战略的优势与劣势

1）优势。

A. 目标集中。该战略避开了大范围内与竞争对手的直接抗衡，企业的经营目标集中，可充分使用企业资源，高度专业化生产，降低成本，增强企业竞争优势。

B. 充分了解市场情况与顾客需求。该战略将目标集中于特定的部分市场，企业可以更好地调查研究与产品有关的技术、市场、顾客以及竞争对手等各方面的情况，着力提升其在某一细分市场上的地位，争取更大的市场份额。

C. 管理简便。该战略使得企业目标集中明确，经济效益易于评价，管理过程易于控制，从而带来管理上的简便。

2）劣势。

A. 顾客偏好变化。由于企业全部力量和资源都投入了一种产品或服务，或一个特定的市场，当顾客偏好发生变化、技术出现创新或有新的替代品出现时，该部分市场对产品或服务需求会急速下降，企业易受到较大的冲击。

B. 竞争者的进入。当竞争者进入企业选定的目标市场，并且采取优于企业的集中化战略时，企业的经营会受到较大威胁。

C. 成本优势被削弱。产品不断更新会造成生产费用的增加，进而会削弱采取集中化战略企业的成本优势，导致其产品销量下降。

（5）集中化战略的实施

1）产品线集中化战略。对于产品开发和工艺装备成本较高的行业，部分企业可以将产品线的某一部分作为经营重点。比如，乳制品生产厂家只生产原奶、农机生产厂家只负责组装等。

2）用户集中化战略。即企业将经营重点放在有特殊需求的顾客群上。例如，奶粉生产厂家生产米糊类产品，关注对奶制品过敏婴幼儿的需求。

3）地区集中化战略。即按照地区的消费习惯和特点来细分市场，企业选择部分地区组织有针对性的生产。例如，食品加工厂家针对不同地区推出不同口味的产品等。

【案例】韩伟集团的集中化战略

（1）实践目标

了解集中化战略在实践中的应用，掌握企业实施集中化战略的具体类型及措施，初步具备为一般企业合理制定集中化战略的能力。

（2）实践材料

1992 年 8 月韩伟集团正式组建成立，它是全国第一家由国家正式批准成立的非公有制企业集团，前身始建于 1982 年。经过多年发展，韩伟集团发展成为以畜牧养殖、蛋制品加工和研发为一体的综合性企业集团。集团现拥有蛋鸡饲养规模居全国首位的现代化蛋鸡养殖企业和亚洲最大的蛋制品生产企业。

韩伟集团的创建人韩伟最早是从规模化蛋鸡养殖产业发展起步的,他在机关工作时深入了解到中国鸡蛋产量与世界先进水平的差距,且当时恰逢党中央出台了多项支农惠农政策,于是他毅然辞去了在机关的职务,真正成了一个"养鸡专业户"。他拼凑了 3 000 元,买来 50 只鸡,开始了养鸡之路。韩伟夫妻俩起早贪黑,勤勤恳恳,两年后,当初的 50 只鸡居然发展到了 8 000 多只。面对鸡场初获的成就,韩伟有了进一步扩大养鸡场规模的念头。在夫妻二人反复思索后,1984 年韩伟决定贷款 15 万元,兴建具有专业性质的万只蛋鸡场。面对韩伟如此举动,大家都不理解,而韩伟却对自己的能力和规划的养鸡版图有很清晰的认知,自打他决定全身心投入养鸡事业后,这就成了他毕生奋斗的目标。

贷来了钱,韩伟夫妻俩不敢马虎,忙着去北京学专业知识、搬迁鸡场改善养殖环境……一番折腾下来,1992 年,韩伟养鸡场中已有接近 100 万只鸡,成了大连市最大的专业化养鸡企业。1992 年 8 月 19 日,一个以韩伟自己名字命名的企业——大连韩伟企业集团有限公司宣告成立,这是国家体改委特批成立的中国第一个民营企业集团,是中国民营企业的里程碑。

1992 年不仅是韩伟集团正式成立的一年,也是国民经济呈现高速增长态势的一年。1992 年国民生产总值比 1991 年增长 12.8%。生产、商品流通和对外经济等全面发展,各行各业机遇涌现,挣"快钱"的机会到处都是。韩伟本着"不要将鸡蛋放到一个篮子里"的风险规避思想,也将触角伸到多个领域:房地产开发、贸易、广告等。虽然出发点是好的,但结果却令韩伟大吃一惊,不到一年,这些公司竟亏掉了几百万元。面对这一结果,韩伟深刻认识到集团现在的发展规模和经营水平还不能支持这样"广撒网"的战略。因此,即使在前期已经投入很多资金的情况下,韩伟还是毅然把集团中与养鸡无关的公司全部关闭。面对这次挫折,韩伟总结道:"一个人一生差不多只能认真地做成一件事,专注是非常重要的。我既然选择了养鸡,就得义无反顾地在这条路上一直走下去。沿途的美丽风景也好、诱惑也好,有很多,但一定要保持定力,万万不可朝三暮四。"

然而,好景不长,就在韩伟想专心沿着自己规划的专业化农场继续往前走时,另一座大山又挡在了韩伟面前。改革开放之初,中国经济呈现井喷式发展,加之家庭联产承包责任制的实行,粮食的产量大幅提高,农村富余劳动不断增加,大量小规模"蛋鸡散户"迅速出现,市面上的鸡蛋质量参差不齐，价格持续下跌，市场竞争混乱无序。从 1995 年开始，全国各地的规模化养鸡场大批倒闭，95％的大型鸡场都相继破产。1997 年，鸡蛋价格开始跌破盈亏平衡点，每销售一千克鸡蛋要亏几角钱，韩伟集团也逐渐"淹没在了养鸡散户的汪洋大海中"。前十年总共赚了一个多亿，现在一年就要亏个几千万，韩伟陷入了迷茫，难道真的就没有出路了吗？

为了找到破局的方法，韩伟决定走出国门，去美国、日本等国家的农庄看看。出国的这段时间，韩伟真真切切地感受到了当时国内与国外农业发展模式的差别。在美国，韩伟看到路上驶过一辆又一辆罐车，起先以为是装油的，万万没想到罐里装的竟是鸡蛋液。后来一查数据才知道，在欧美发达国家，裸蛋（带壳、未经处理的鸡蛋）销售仅占鸡蛋产量的 50％～55％，有45％～50％的鸡蛋是把蛋壳敲碎了，将蛋清和蛋黄分开加工后再出售。在日本考察的时候，韩伟发现，日本市场上有品牌的鸡蛋和没品牌的鸡蛋，差价可达 10～15 倍；有机食品和其他食品，差价可达 7～8 倍。到了新加坡，鸡蛋的卖法又不一样了，鸡第一个月产下的蛋要比后几个月产的蛋贵 3～5 倍。这次考察让韩伟认识到了什么是产品质量细分。回国后，韩伟开始考虑在国内推行鸡蛋品牌的可行性。

改革开放后，人们消费水平逐渐提高，消费标准也在提高，中国有巨大的、多层次的市场。但当时很多企业只关注提供的商品数量，不关注产品质量的提升。市场上流通的鸡蛋大多是由农户散养的，不合理的养鸡模式导致这十年中一直是低水平、低质量的鸡蛋在市场流通。韩伟认为，在结构过剩的浪潮中，要想成功破浪前行就必须适应安全消费、绿色消费、环保消费等市场新要求，打造高质量产品。面对着巨大的高质量市场需求缺口和集团举步维艰的生存处境，韩伟决定背水一战——创办中国第一个鸡蛋品牌，从大众化鸡蛋中开辟出一条"差异化品质"的道路。

1999 年，"咯咯哒"作为中国鸡蛋的首个品牌正式问世，这个以母鸡产蛋叫声为象征的品牌迅速在北京、上海、广州等地叫响，"咯咯哒"鸡蛋成为超市里的主打产品。通过"咯咯哒"，韩伟集团起死回生，开始迅速占领全国市场，并远销日本、韩国等海外市场。在大连市场上，每 10 个鸡蛋中就有 7 个来自韩伟集团，一时间"咯咯哒"鸡蛋大有"卖遍中国，叫响世界"的势头。

看到"咯咯哒"的成功，韩伟对自己的养鸡产业链又有了新的想法。韩伟了解到，中国鸡蛋年产量已超 2 000 万吨，然而蛋品深加工的比例却不足2％，这与国外农产品深加工占比达 30％形成了鲜明对比。回想起在美国考察时看到的现代化机器设备，韩伟决定让自己的鸡场也更进一步。2005 年，韩伟集团斥资 1.6 亿元，引入全球最大的鸡蛋加工设备企业丹麦赛诺沃（SANOVO）的破蛋、清洗、分级、包装等设备，并在韩伟集团下设大连韩伟食品有限公司，进一步延长鸡蛋产业链，推动蛋品加工。鸡蛋是快消品中的快消品，讲究新鲜，而韩伟集团现有 300 万只鸡，日产蛋量 280 万个，如果产的鸡蛋当天内卖不出去，就会导致库存积压，影响鲜蛋的品质。韩伟集团引入这套设备就等于是为产品建立了一个"减压房"，所有当天没有卖出的鲜鸡蛋全部送入加工车间敲碎进行加工，真正实现鲜蛋零库存，确保消费者买到的"咯咯哒"鸡蛋都是最新鲜的。目前，韩伟食品公司日处理鲜蛋能力 150 吨，年生产蛋粉能力 5 000 吨，加工蛋液 30 000 吨，是亚洲最大的蛋制品生产企业之一。

　　韩伟集团以"为了人类健康，我们尽善尽责"为宗旨，从当初只有50 只鸡的养鸡场发展到如今亚洲最大的蛋制品生产企业之一，靠的不外乎专注、专业。韩伟始终认为"专业的人干专业的事"，从集团成立那天起，他就一直与国内顶尖的科研机构与多所农业大学保持密切产学合作。韩伟集团近几年在保证鸡蛋质量的基础上，通过组建高水平的技术营养团队，针对不同的市场消费群体生产了不同的鸡蛋品类。为了给孕妇和儿童提供维生素 E 和 DHA，营养团队的人员在饲料中加入深海鱼油，推出"爱宝蛋"；中老年人需要更多的不饱和脂肪酸和亚麻酸，研发人员专门开发了含高 α-亚麻酸和 EPA 的"活力宝蛋"；针对现在经常用眼的白领和学生群体，研发团队在饲料中加入万寿菊，生产出保护视力、富含叶黄素的"金鸡蛋"。韩伟表示："虽然我们的鸡蛋定价比市面上普通的鸡蛋价格要略高一点，但只要是对提高鸡蛋品质和满足消费者需求有好处的研发，我们的投入都完全不计成本。消费者花了高价钱，我们就必须要提供高品质的鸡蛋，做到物超所值。"

　　韩伟集团历经 40 多年辛勤耕耘，摸索出了高效、安全、科学的现代化养鸡模式，并在盘州、朝阳等市开启科学现代化养鸡模式的复制与推广。2019 年，韩伟集团在贵州省盘州市投资 2 亿元兴建了第一个产业扶贫的蛋鸡生产基地，这是一个国家级扶贫重点项目。2020 年，韩伟集团投资 6 亿元打造的朝阳韩伟蛋业 300 万羽蛋鸡产业园项目也已经开工。作为"大连市对口帮扶朝阳市蛋鸡产业扶贫项目"，该项目每年将消化当地玉米 10 万吨，切实解决农民卖粮问题；提供 1 000 多个就业岗位，解决当地人民就业问题；通过消化鸡粪生产优质有机肥料 5 万吨，有效解决土地板结问题。

在韩伟看来，韩伟集团是改革开放中产出的"金蛋"，一定会在新时代的春天孵化出更多、更美的"金鸡"，让蛋鸡产业在华夏大地腾飞！①

(3) 实践任务及要求

1) 韩伟为什么要把与养鸡无关的公司全部关闭，坚持集中化战略？这体现了韩伟的什么企业家特质与精神？

2) 韩伟集团在发展过程中采用了什么类型的集中化战略？采取了哪些措施实现集中化？

3) 韩伟集团采取集中化战略后获得了什么发展优势？

4) 韩伟集团除了集中化战略还采取了什么战略，该战略对其发展产生了什么影响？

5) 你赞同韩伟集团在盘州、朝阳等市兴建蛋鸡养殖场吗？你认为韩伟集团未来发展的最大挑战是什么？

(4) 实践组织方法及步骤

学生独立阅读案例并以书面形式完成实践任务的作答。作答完成后班级内部统一回收，并错位发放，保证每位同学拿到其他同学的作答分析。以4～6人为单位，对班级成员进行小组划分。小组内部讨论实践任务分析结果，并对成员手中其他同学的分析结果进行批注，提供完善建议与思路。共同批注完成后再次将书面作答回收，并发放给本人。本人在拿到其他小组补充建议之后，再次进行小组讨论，形成本小组的最终分析成果。教师邀请班级小组对实践任务进行回答分析，并进行点评。

(5) 实践思考

1) 涉及内容："隐形冠军"企业集中化战略的应用。

2) 实践要求。

A. 充分了解以下拓展材料提供的"隐形冠军"定义及介绍。

B. 自主寻找其他关于"隐形冠军"企业的例子，分析其在发展过程中主要采取的策略类型。

C. 对于所找的"隐形冠军"企业案例，分析其采用的集中化战略的类型、实施方式及对其发展的影响。

D. 将以上内容形成不少于1 000字的分析报告。

3) 实践时间：课程结束后一周内。

---

① 案例来源：孙秀霞，荣娜，齐丽云，韩伟集团——"养鸡专业户"的坚守与蜕变，中国管理案例共享中心，2021年11月17日。

【拓展阅读】"隐形冠军"企业

"隐形冠军"是指那些在某一细分市场占据领先地位并拥有核心竞争力和明确战略、其产品或服务难以被超越和模仿的中小型企业。赫尔曼·西蒙用三个标准对其进行界定：首先是市场占有率，隐形冠军应该是世界同业市场的前三名，或者至少是某个大洲的第一名；其次，年销售额一般不超过50亿美元；最后，公众知名度比较低，或不易被人察觉。托尔和西蒙发现，中小企业在德国经济中发挥了重要作用，它们不仅在与大公司的竞争中生存了下来，而且在持续增长或利润率方面比大公司做得更好。

现有的关于"隐形冠军"管理策略的研究主要围绕隐形冠军的共性特征来展开，这些特征包括以下五点。其一，隐形冠军对某一特定产品高度专业化，能够提供客户需要的最好质量的产品和服务。其二，隐形冠军具有全球化思维，通过国际化进入更大的市场区域是他们获得和保持强劲业绩的关键战略。其三，隐形冠军拥有竞争对手无法模仿的原始技术，并引领了大量创新。其四，隐形冠军重视组织内部管理基础，通过规范的流程管理，保持最高水平的运营效率。其五，隐形冠军投资回报率高，具有较强的盈利能力。一些学者还发现，与行业内其他公司相比，隐形冠军更容易塑造公司文化和作为市场领导者的自我形象，而树立公司作为全球市场领导者的形象有助于吸引、激励和留住高技能员工。

只有通过业务的聚焦和深耕才能成为世界一流企业。隐形冠军集中关注一个狭窄的细分市场，并通过深入研发获得其独特的产品。他们坚信，产品的独特性只能由企业内部产生，不能通过外包从市场上获得。业务聚焦会使市场规模有限，而全球化则可以实现规模效益。因此，聚焦和全球化是隐形冠军不可或缺的两大支柱战略。

隐形冠军把它们的竞争优势完全发挥到市场上，这种优势往往是多项的组合，而产品的质量则永远居于首位。近年来，他们已经在咨询和系统集成方面建立了新的、难以模仿的竞争优势，从而提高了新的竞争者进入市场的门槛。

企业竞争模拟实训指导

2.1　企业竞争模拟背景[①]

2.1.1　竞争模拟的商业环境

（1）虚拟商业环境

"企业竞争模拟"通过计算机在互联网上模拟企业经营所面临的商业环境，供模拟参与者进行经营决策对抗演练。在模拟的商业环境中，有企业经营面临的市场经济状况，有各种影响经营活动的因素包括生产、营销、财务、人事等诸多方面，还有现实环境中不可避免的偶然因素。在信息不对称的情况下，参与学生为虚拟企业整体运作进行资源计划，这既要求他们关注经营细节，又要求他们具备关注全局和未来的战略视野。

虚拟商业环境包括了虚拟企业所处的时间、市场、行业及其他环境因素。

虚拟的时间是虚拟企业经营的周期长度，可以季度、年、期为单位。一次完整的虚拟运营一般包括 6 个及以上的周期，可以是持续经营 6 年，也可以是 6～8 期或季。在设定的单位时间周期内，虚拟企业可以获得市场需求订单，进行各种经营活动，在期末进行经营结算和结果评价。

虚拟的市场是企业虚拟运营可以开拓和延伸的市场领域，可以分本地、区域、国内、亚洲、国际市场等；为避免国际市场差异，也可以设定为仅在国内市场分区，将市场划分为华南、华中、华东、华北、东北、西北、西南等；还可以进行抽象化处理，简化为市场 1、市场 2、市场 3、市场 4 等。对不同的市场设置不同的开发周期和难度，用资金投入表示。

虚拟企业所处的行业并不具体设定，但均会遵从行业生命周期发展的基本规律，模拟行业从萌芽或初创，到快速成长，最后到成熟期结束实验。为体验完整的企业运营过程，一般模拟生产制造型企业，生产的产品一般可以研发升级，从开始拥有的低级或初级产品，到不断投资研发出其他级别的产品。产品

① 参考文献：李军睿等，企业虚拟运营实训教程——从沙盘推演到企业战略，清华大学出版社，2021 年。

可以有具体的行业属性，也可以对行业进行抽象化处理，将产品简化为 P1、P2、P3、P4，或者 A、B、C、D 等。

虚拟的其他环境因素一般是行业之外对虚拟经营产生影响的政治、经济等行业外因素，还有一些对虚拟经营产生重大影响的不可控因素。不同的虚拟运营系统对这些因素的处理不同，最终通过影响虚拟企业的资产配置和市场需求状况体现。

（2）虚拟运营规则

虚拟运营系统根据设定的商业环境，形成虚拟运营过程中需要遵循的规则，包括一般规则和具体运营规则。一般规则在不同运营系统中也被称为通用规则或系统规则，主要涉及虚拟运营系统中稳定不变的操作流程和系统参数，一般规则是对所有虚拟企业内部经营岗位都产生影响的设定。一般平台系统在每个经营周期内都必须遵循一定的操作步骤和流程，有的系统在同一经营周期内并不严格限定操作顺序，操作者可以不断调试经营决策，甚至可以回退到上一期；但有的系统有严格的操作步骤和流程要求，决策一旦作出将无法往前回退，没有反悔的机会。系统参数包括行业大致状况、市场需求情况、竞争态势、订单分配、经营报表填制、经营绩效评价等。

具体运营规则是针对不同运营岗位或职位职能设置的操作规范和技术参数。大部分单机版软件平台很难分岗位进行独立决策操作，由于企业运营中财务、生产、营销、采购等职位都涉及资金运用、信息获取及分析决策等活动，各岗位对应的规则很难完全分开，需要参与者整体把握。哪怕软件平台不断改进分岗位规则设置和考核标准，具体运营规则完全明确对应岗位也是很困难的，因而运营中需要分工但更强调整体合作。

（3）运营竞争

在整个模拟实训过程中，参加训练的学生组成相互竞争的多家模拟企业，综合运用所学企业管理知识，独立进行各种运营决策，参与竞争模拟，经过若干经营周期的运营对抗，结合老师的点评指导，实现战略目标。

竞争是战略或经营模拟的核心，实现最终经营目标很大程度上依赖于经营团队对竞争对抗的把握。进行虚拟运营，最为重要的是把握虚拟经营环境、制定好经营战略，在以下几个层面展开竞争。

公司层战略即企业总体战略规划，这部分重在培养战略洞察力。通过竞争测试，考查学生根据虚拟商业背景把握行业发展规律，据此制定契合行业生命周期发展的整体战略目标的能力，要求学生具备基于全局和未来进行整体经营规划的视野和能力。

业务层战略也称竞争战略，通过市场和竞争定位把握，确定市场和竞争策略，测试和考查学生的分析判定和决策能力。市场和竞争定位是虚拟运营系统最难模拟实现的部分，清晰的定位往往很难通过虚拟决策变量体现效果，而市场竞争策略大多基于4P's设计，虚拟企业很难通过哪一个方面的要素实现差异化定位，最终各虚拟企业需要在产品、价格、渠道和促销等方面全面展开竞争才能获得相对理想的市场竞争绩效。

职能层战略体现为虚拟企业内部运营方面的较量，这是战略的具体实施落实，测试和考察团队的执行能力。这一战略考验运营团队对细节的把握，不能出现流程和操作上的失误，比拼团队的分工协作能力。

(4) 竞争评价

在整个虚拟运营周期内，系统会设定不同的经营绩效评价指标对运营对抗结果评价打分。基于不同的绩效评价逻辑和视角，评价指标选取会有所不同，但企业价值增加和全面评价的思想是一致的。可以简单选取所有者权益指标加经营性固定资产指标；也可以选取财务、市场、投资、成长等具体进一步细化的指标，设定权数进行加权评价。

2.1.2 竞争模拟的战略思考

(1) 与现实企业经营战略的差异

1) 战略决策起点不同。虚拟企业运营，战略决策的起点是在既定的行业和资源状况下，能够选择的战略态势为稳定增长或快速增长，中途经营决策失误会调整为稳定或紧缩。现实企业战略决策的起点往往从行业洞察开始，内部资源虽然可以大致确定，但企业可以利用的外部资源往往是不确定的，战略态势选择稳定、增长甚至紧缩都是常态。

2) 战略决策关键点不同。进行虚拟企业运营，有明确清晰的经营战略规划是关键，经营竞争主要体现为市场竞争。因为虚拟商业环境的简化和可计量化，虚拟企业战略更简洁和抽象，战略决策的关键点更聚焦于投资和市场决策，行业内企业之间的竞争是获得成功的关键。而现实企业经营战略的制定受制于复杂的现实环境，经营竞争不仅仅受营销因素的影响，还受制于行业内各种因素的影响，准确定位是关键，行业内竞争是主旋律，行业内外的联盟合作是发展常态。

3) 战略决策周期不同。虚拟企业运营周期设计一般契合教学周期，在有限教学学时内完成经营模拟，虚拟企业随行业经历初创、快速成长到成熟的过程，6~8个虚拟经营周期是比较常见的设定，企业战略目标也据此分为1~2期、3~4期、5~6期三阶段，以8季或期为整个周期的则分为1~3期、3~6期、7~8期三阶段。面对日益复杂多变的环境，现实企业中，大中型企业有完整的战略规划体系，在 10 年以上长远方向的指引下，制定 4 年及以上的长期目标，同时每两年滚动调整，1 年经营审视，由此构成使命和愿景指引、长期战略目标与短期战术目标相结合的战略体系；小微企业或企业初创期，则往往没有清晰的、文本化的战略，在大致方向和目标指引下"看准了就上"是常态。

4）竞争优势来源不同。 虚拟企业在竞争中胜出除了依靠全面规划、综合平衡运营外，竞争优势主要源自市场表现，所有规划的实现均依赖于市场目标达成，高差异和低成本优势来源难以体现，时机和秘诀基本上没有，在位企业也无法设置进入障碍，大量资源集中形成的优势更难体现。而现实企业的竞争优势可以源自高差异或低成本；可以源自掌握时机或拥有秘诀而形成的独特资产和能力；也可以源自企业不断建立和巩固行业进入障碍，长期独占行业或者部分市场；还可以源自大量资源高度集中而形成的资源和能力上的绝对优势。此外，保持企业家创新精神、形成障碍防止他人模仿以及追随超级竞争者都可以维持企业的自身优势。

(2) 虚拟运营竞争考虑的主要问题

1）价值实现问题。 虚拟企业的价值实现非常简单直观，就是通过组织资源生产并销售产品获得收入，在扣除各项费用后获得净利润，由此影响所有者权益。这是虚拟企业价值实现的唯一方式，因而运营竞争考虑的首要因素是市场分析和竞争，也有虚拟运营平台设计了分红等传递、提升企业价值的环节，但归根结底还是在于企业经营利润的获取。

2）快速成长与风险问题。 虚拟企业要快速成长，在运营综合平衡的基础上，资源利用程度越高，经营成长绩效越好。但极致利用资源的同时会带来巨大的经营风险，运营中预算失误和市场竞争失利都可能导致现金断流或权益为负，造成虚拟企业生产运营停滞，甚至无法运营导致企业破产。但预留资源防范风险会影响虚拟企业成长速度，在产能、市场等方面处于劣势，后续易被快速成长的竞争对手压制，导致整体竞争成长受阻，经营绩效不理想。

2.1.3　竞争模拟平台介绍

(1) 新道商战平台①

新道商战平台是新道科技股份有限公司开发的企业经营模拟软件。它采用"系统平台＋物理沙盘"相结合的形式，面向本科学生，以企业实际运作流程为开发逻辑，让学生体验企业管理流程，体验企业在竞争的环境下生存、发展

---

① 资料来源：新道科技股份有限公司产品推广介绍。

的过程，学生可基于对经营过程的掌握及数据的分析作出相应的决策。平台特色和功能如下。

产品安装简便，界面设置友好，互动体验感好，操作简易直观；帮助文件齐全，系统操作简便，学生可以快速上手；全真模拟企业经营过程，集成选单、多市场同选、竞拍、组间交易等多种市场方式，学生可以感受市场竞争氛围。

系统可自由设置市场订单和经营规则，配置单独的订单工具和规则工具，只要将生成的文件置于任意目录下并导入即可使用，便于全国的老师及学生交流规则和订单。

系统采用浏览器/服务器（B/S）结构设计，内置信息发布功能，可以支持学校使用，每个教学班1～99个队可同时进行企业经营模拟训练及比赛。

经营活动全程监控，可进行完整的经营数据分析，财务报表自动核对，经营数据 EXCEL 格式导出，使教学管理更轻松。

与企业经营管理沙盘——新道商战物理沙盘兼容，用于教学、竞赛更具优势。

教师可以自行设置本教学班编码规则，以区分不同班级；教师可以对本教学班的数据随时备份及恢复，数据可以保留并随时调用及分析。

（2）经营之道电子对抗系统[①]

贝腾经营之道电子对抗系统作为企业管理实训平台，是高校财经管理、企业管理、人力资源管理、市场营销等专业学生认识企业经营运作管理、动手实际操作的实践平台，同样也适合其他各类专业学生了解企业运营管理工作。平台实训可以让学生在虚拟环境下体验企业的经营管理，系统提升学生分析问题与解决问题的能力，增强学生对企业经营管理作用的认识，提升学生企业管理的综合技能。系统特色和功能如下。

产品安装简便，界面设置友好，三维模拟形象生动，系统操作简便。分步骤控制，每步决策内容直观呈现，学生操作简易、可以快速上手。

教师可以根据教学考核需要，自由设置市场订单和经营规则，自由进行决策权限分配，一定程度上克服了单机版软件平台团队参与度低和合作缺乏的问题。角色扮演登录界面易于对学生考勤。

平台统一服务接口，教师端主界面显示由老师控制的任务发布情况及课程模拟时间进度的任务列表；提供与课程相关的标准 PPT 文件；还有显示了各小组登录在线情况的学生登录情况。

---

① 资料来源：杭州贝腾科技有限公司产品推广介绍和技术员补充。

系统提供了熟悉运营流程和规则的试运营功能，允许所有学生登录后，试运营一个周期，以便帮助学生熟悉系统的一些操作与基本规则。所有试运营期间产生的数据均不作为正式结果，将在结束试运营操作后被全部清空，老师也可以自主决定是否需要进行试运营，如不需要试运营则可以选择结束试运营。

系统提供相关决策辅助工具如财务核算辅助、报表填写练习工具等。大量的市场、绩效等数据和分析图表，便于学生在了解市场及竞争对手状况的基础上进行决策分析，历史决策相关数据辅助学生快速复盘，帮助优化后续经营决策。

教师端可以进行教室班级管理，配置课程参数、控制模拟进程、实时监控运营状态和查询分析数据，在阶段性任务完成后结合评分进行综合对比点评。

(3) BIZSIM 企业竞争模拟系统[①]

BIZSIM 企业竞争模拟系统（以下简称"BIZSIM"）是由来自北京大学光华管理学院的教授带领专业团队开发的一款企业竞争模拟软件。学生组成虚拟公司的高层管理团队，在模拟的市场环境里展开竞争，进行多期经营决策的演练。企业竞争模拟实训重在考察学生团队的企业经营管理、企业经营分析、企业经营决策以及成本核算和财务管理等基本素养，检验学生的应变能力以及分析问题和动手解决问题的能力，培养团队协作精神，以及在变化多端的经营环境下，面对多个竞争对手，正确制定企业的经营决策，达到企业的战略目标，并能正确使用决策分析工具，进行管理量化分析，科学决策的综合能力。系统主要特点和功能如下。

系统是国内决策模型科学、严谨、领先、成熟的管理决策模拟系统，也是国内第一套自主研发的企业经营决策模拟教学系统，历经 20 余年的教学实践和 10 年的全国大赛检验，系统的运算原理和后台经济模型构架十分稳定和完善。

系统后台完全开放，支持现场教学和学科竞赛两种运行模式。系统设置了 9 个难度等级，几十个不同的模拟场景，教师可根据教学需要选择不同的场景，并可设置初始化决策模拟数据，同期开课的不同班级之间进行模拟经营的环境将不同。

教师模拟决策时，系统支持回退功能，即可以回退到上期决策单，便于教师模拟教学。决策模拟对抗过程中以及结束后，系统提供了大量的数据，并由

---

① 资料来源：北京金益博文科技有限公司产品推广介绍。

图形或曲线展示，各企业的发展状况直观可见，便于教学点评。

系统支持若干个赛区（班级）同时进行模拟对抗，每个赛区（班级）最大支持 20 个虚拟公司团队进行网络对抗。适合国际化教学，中英文随时切换，可以用中文和英文同时参加一个比赛。

模拟的行业为自产自销的生产制造业，评判的标准包含本期利润、市场份额、累计分红、累计缴税、净资产、人均利润率、资本利润率等 7 项指标，综合考虑企业绩效的多个方面，并按照相关指标加权平均评出竞争模拟的优胜者。

系统支持向导模式决策制定和快捷模式决策制定两种方式。向导模式可以降低学生的上手难度，便于学生掌握系统的操作；快捷模式可以让学生集中更多的精力，进行决策的战略优化和规划，而非烦琐的计算。学生制定决策时，决策界面有决策信息提示框，辅助学生进行决策。

系统提供新手训练营、人机对战等功能，方便了学生自主学习；系统提供相关决策辅助工具如生产辅助、现金流辅助等，便于学生进行决策模拟，决策是否可行，一目了然，不可行决策都会得到直接提示。

教师可以根据教学考核需要，对学生考勤、练习、实战模拟、实战总结报告等环节设置考核比重，并由系统自动给出学生的考核成绩。

系统支持数据备份，确保了数据安全。软件支持全国性比赛，并定期组织"全国高等院校企业竞争模拟大赛"，所有的比赛数据不仅可以存档，方便以后随时查看与学习交流，而且也可以导出为表格格式，支持图表展示。

（4）系统之间的简单比较

总的来说，各个系统平台都是通过计算机在互联网上模拟企业经营所面临的商业环境，主旨都是让学生组成虚拟公司的高层管理团队，在模拟的市场环境里展开竞争，体验企业在竞争环境下生存、发展的过程，经过多期经营决策演练，通过竞赛对抗的手段，锻炼学生分析和解决问题的能力，培养综合管理技能。

为直观体现商战中的竞争，达到锻炼学生经营决策思维能力的目标，各系统都注重市场分析，并且对库存和预订的把控要求较高。学生需要通过周密的市场分析，判断竞争对手的经营情况，同时注重供应、生产与营销的适配，强调整体平衡运营来使自己的产品销售良好，进而获得经营绩效。

所有平台系统都是在一定的资金基础或经营基础上开始运营，并且在资金不足时可以进行有限额度的融资，以维持继续运营，当所有者权益为负或者现金断流时，用户即经营破产。

各平台系统区别的关键在于考察的侧重点有所不同，通过规则制定的区别体现出来。学生在实训中要明确规则设置的用意和目的，把握虚拟企业不同发展阶段中的关键决策点，以及评分规则的侧重和获取分数的技巧。系统本身难有优劣之分，在实训教学中，通过教师结合系统的教学设计和引导，学生都能达到体验竞争，理解经营逻辑，最终锻炼管理技能，培养经营分析决策能力的目的。结合多年的教学实践和竞赛参与经验，抛开各系统的物理功能，仅从经营模拟教学视角对各系统的侧重点和薄弱点进行简单比较如下（表2-1）。

表2-1 各系统的侧重点和薄弱点比较

系统	侧重点	薄弱点
新道商战平台	更注重整体的布局和对未来发展趋势的把控； 市场竞争驱动，强调学生对市场状况和竞争对手的分析，考察学生对广告和市场容量的把握程度； 强调公司的发展速度，对资金使用周转率的考察程度高； 快速激烈的抢单、竞单综合考察学生的柔性生产组织能力	过于市场驱动，导致竞争中的偶然因素对经营结果的影响大； 分步骤决策，不可撤回，某些误点决策没有办法进行更改，若要修改只能从当期重新开始决策，耗费较多时间； 竞单模拟对管理员要求较高，需要时刻关注进程
经营之道电子对抗系统	强调基于未来的整体规划，并在运营过程中强调综合平衡； 市场方面对渠道节奏和市场开发选择要求较高； 财务预算要求不高，不强调经营细节； 强调竞争分析，市场和竞争对手状况分析数据呈现直观到位	生产制造相对较为简单； 分步决策，不可撤回，学生极易粗心失误破产，管理员需全程分步操作； 不再更新
BIZSIM企业竞争模拟系统	强调基于未来的整体规划，特别考察全面预算能力； 对生产运作管理的要求高，强调运筹规划； 运营各阶段特点鲜明，强调基于行业生命周期的竞争； 强调全面绩效评价，着重考察对运营绩效指标之间逻辑关系的把握	高级别场景难度偏大，对运筹规划能力要求高； 计算数据偏多，对工具表的依赖程度较高，导致学生难以理解背后的原理和逻辑； 竞争分析数据部分需要推算，难度大导致学生极易放弃

资料来源：全国高等院校企业竞争模拟大赛指导教师和参赛学生访谈。

2.2 企业竞争模拟实训

——基于 BIZSIM 企业竞争模拟系统[①]

2.2.1 虚拟运营规则介绍

（1）通用规则

BIZSIM 根据模拟市场场景的难度，将模拟情景难度分为 1～9 级，9 级为最高级，每个级别有多个不同的市场场景，场景以大写英文字母 A～Z 表示，在大型竞赛中还可以设置类似 AH 之类的复合场景。其中模拟难度等级与产品种类和市场数量的对应方式见表 2-2。

表 2-2 模拟难度等级与产品种类和市场数量的对应方式

模拟难度等级	可销售的产品种类	可供销售的市场数量
1	2	2
2	2	3
3	3	2
4	3	3
5	3	2
6	3	3
7	4	3
8	3	4
9	4	4

系统通用规则包括虚拟运营基本要求和虚拟运营遵循的市场机制。

1）虚拟运营基本要求。

A. 人机对战比赛无需管理员参与，用户提交经营计划后系统自动进行模拟；队伍间对战需要管理员手动操作模拟，模拟参加者要服从比赛管理员的领导和指挥，按时、按规定方式提交决策。

B. 各公司每期（假定一期为一个季度）制定一个决策。各公司要在管理员指定的时间前将决策输入计算机（无论系统安装在网络上还是在本地服务器上运行）。否则，模拟管理员可以将该公司上期的决策作为该公司本期的决策。

---

① 资料来源：周柏翔，企业管理决策模拟，化学工业出版社，2016 年；北京金益博文科技有限公司内部资料；全国高等院校企业竞争模拟大赛指导教师和参赛学生访谈。

C. 公司决策时应考虑本公司的现状、历史状况、经营环境以及其他公司的信息，综合运用学过的管理学知识，发挥集体智慧与创造精神，追求成功的目标。

D. 公司决策时一定要注意决策的可行性。比如，安排生产时要有足够的机时、人力和原材料，买机器时要有足够的资金。当决策不可行时，为保证实训正常进行，模拟软件将改变公司的决策。这种改变有一定的随意性，并不遵循优化原则。

2）虚拟运营遵循的市场机制。

A. 市场对产品的需求与多种因素有关，符合基本的经济规律。市场对某公司产品的需求量依赖于该公司的决策及状况，包括产品的定价、广告费、促销费用及市场份额等，也依赖于其他公司的决策及状况。同时，需求量也与整个市场的容量、经济发展水平、季节变动等因素有关。

B. 价格、广告和促销费的绝对值会影响需求，与其他公司比较的相对值也会影响需求。企业为产品投放的广告影响该产品在各个市场上的需求，可能有滞后作用。促销费包括营销人员费用等，企业在市场的促销费影响它在该市场上各种产品的需求。

C. 企业的研发费、员工工资会影响产品的等级，等级高的产品能够以较高的价格出售。模拟中发布的动态消息是对下期的经济环境、社会变革、自然现象等突发事件的预测，事件是否真正发生以及将造成多大影响都具有随机性，决策者要有风险意识。

D. 市场容量不是一定的。如果大家都抬价，顾客就少买；反之，顾客会多买。但是，市场的总容量也不是无限的。

以下通过 9A 场景介绍系统运营规则。特别需要注意不同场景规则中参数不同，决策前应仔细阅读相关规则。

（2）运营之市场规则

1）产品分销。

A. 本期产品的 75％和在工厂的全部库存可以运往各市场，市场之间不转运。此规则表示当期生产的产品只有 75％可以运往市场销售，剩余 25％的产品作为成品库存存放在公司仓库；上期的库存可以全部运往市场销售。产品一旦决定运往某个市场之后，就只能运往该市场销售，市场之间的产品不能互相转换。

B. 不同公司的不同产品运往不同市场的产品运输费用都不相同。产品运输费用由产品运输固定费用和产品运输变动费用两部分构成。只要有产品运往市场，就要付固定运输费用（表 2－3）。变动运输费用是单个产品的运输费用（表 2－4）。

表 2-3　产品运输固定费用

单位：元

	产品 A				产品 B			
	市场 1	市场 2	市场 3	市场 4	市场 1	市场 2	市场 3	市场 4
某某	2 000	500	4 000	5 000	10 000	6 000	12 000	13 000
管理员	500	2 000	4 000	5 000	6 000	10 000	12 000	13 000

	产品 C				产品 D			
	市场 1	市场 2	市场 3	市场 4	市场 1	市场 2	市场 3	市场 4
某某	14 000	10 000	16 000	17 000	16 000	12 000	18 000	19 000
管理员	10 000	14 000	16 000	17 000	12 000	16 000	18 000	19 000

表 2-4　产品运输变动费用

单位：元

	产品 A				产品 B			
	市场 1	市场 2	市场 3	市场 4	市场 1	市场 2	市场 3	市场 4
某某	100	25	200	250	500	300	600	650
管理员	25	100	200	250	300	500	600	650

	产品 C				产品 D			
	市场 1	市场 2	市场 3	市场 4	市场 1	市场 2	市场 3	市场 4
某某	700	500	800	850	800	600	1 000	1 050
管理员	500	700	800	850	600	800	1 000	1 050

2）预订。

A. 当市场对某公司的产品需求多于该公司在市场的库存加本期运去的总量时，多余的需求按比例变为下期订货（转化比例见表 2-5），到时以本期价格与下期价格中价格较低者付款。

例如，本期产品 A 定价 3 300 元，上期市场 1 库存产品 A 20 个，本期运往市场 80 个产品 A，市场对产品 A 的需求为 150 个，上期库存加上本期运往市场的产品 A 数量不足以满足市场需求，市场需求多出 50 个。根据下期订货转换比例（表 2-5），多余的需求中有 30％会转化为下期订货，也就是下期订货有 $50 \times 30\% = 15$ 个。下期产品 A 的价格如果高于 3 300 元（假设 3 400 元），则按照 3 300 元的价格优先满足订货；下期产品 A 的价格如果低于 3 300 元（假设 3 200 元），则按照 3 200 元的价格优先满足订货。

B. 某公司不能满足的产品需求，除了转为下期订货，其余的可能变为对其他公司产品的需求。

C. 公司下期运到该市场的产品将优先满足上期订货。若上期订货不能被满足，剩余的不再转为下期订货。

表 2-5　下期订货转换比例

单位:%

	产品 A	产品 B	产品 C	产品 D
市场 1	30	35	40	40
市场 2	30	35	40	40
市场 3	20	25	30	30
市场 4	22	28	25	25

(3) 运营之生产规则

1) 产品研究开发。

A. 研发费用。企业要生产某种产品，需先投入基本的研发费用，其数额相当于表 2-6 中的等级 1，即只有投入基本研发费用之后才能生产产品，否则无法生产。为了提高该产品的等级，企业还需要进一步投入研发费。这些费用相当于表 2-6 中的等级 2、3、4、5。若产品等级高，可以增加客户的需求。产品研发等级的提高要循序渐进，每期最多提高 1 级。在计算成本时，本期的研发费用将平均分摊在本期和下期。

表 2-6　各种产品达到不同等级需要的累积研发费用简单加总表

单位:元

	等级 1	等级 2	等级 3	等级 4	等级 5
产品 A	100 000	200 000	300 000	400 000	500 000
产品 B	200 000	350 000	480 000	600 000	700 000
产品 C	300 000	450 000	580 000	700 000	800 000
产品 D	500 000	600 000	700 000	850 000	1 000 000

B. 工资与产品等级。除了投入研发费用之外，还可以通过提高员工工资系数来提高产品等级。员工工资系数对产品等级的影响是在研发费用基础上的进一步调整。比如，研发费决定的产品等级为 3，考虑工资系数后，产品等级调节后的区间为 (3.0, 3.9)。

2）材料定购。

A. 原材料价格。原材料的标价为 1 元，但可以根据订货量的多少得到批量价格优惠（表 2 - 7）。

表 2 - 7　批量采购优惠价格

定货量（件）	优惠单价（元）
≥2 000 000	0.93
1 500 000～1 999 999	0.95
1 000 000～1 499 999	0.97
0～999 999	1

B. 原材料运输费用。原材料的运输费用分固定费用和变动费用，固定费用取决于是否订货，变动费用取决于定货量。原材料的运输固定费用为 5 000 元，变动费用为每件 0.02 元。购买原材料的运费算作本期的成本。

C. 原材料运输时间。由于运输的原因，本期决策订购的原材料至多有 50% 可以在本期使用，其余的 50% 作为原材料库存存放在公司仓库中，下期可以使用。

3）生产作业。

A. 生产单个产品所需要的资源见表 2 - 8。

表 2 - 8　生产单个产品所需要的资源

	产品 A	产品 B	产品 C	产品 D
机器（时）	100	200	400	500
人力（时）	150	250	180	160
原材料（件）	300	1 500	2 000	3 000

B. 班次。共有两种班，每种班又分为正班和加班，即班次分为第一班正班、第一班加班、第二班正班、第二班加班。每个员工只能上一种班即每个员工要么上第一班，要么上第二班；只有上了第一班正班的人才可以上第一班加班，只有上了第二班正班的人才可以上第二班加班，加班人数不能多于本班正班人数。

1 期正常班为 520 小时（1 季度 13 周，每周 40 小时），加班为 260 小时。即每位员工的正班人时为 520 小时，加班人时为 260 小时，生产产品所需资源中人力以人时计算。

C. 机器。机器可在两班使用，但第一班加班和第二班正班用的机器总数不能多于公司拥有的机器总数，即一加班和二正班共用机器。机器价格为每台60 000 元，折旧期为 5 年，机器每期（季度）折旧率为 5％，不管使用与否。若购买机器，本期末付款，下期运输安装，再下期才能使用，使用时才计算折旧。即当期购买的机器，要间隔 1 期才能使用，如第一期购买，第三期才能使用。1 台机器 1 期可以工作 520 个小时，生产产品所需资源中机器以机时计算。

4）固定费用。

A. 固定管理成本。公司每期的固定管理费用与生产的产品和班次有关。

第一班生产产品 1，费用为 4 000 元；第二班生产产品 A，费用为 5 000 元。

第一班生产产品 2，费用为 6 000 元；第二班生产产品 B，费用为 7 000 元。

第一班生产产品 3，费用为 8 000 元；第二班生产产品 C，费用为 9 000 元。

第一班生产产品 4，费用为 8 000 元；第二班生产产品 D，费用为 9 000 元。

只要在该班次生产了该产品就需要支付管理费用。

B. 维修费。每台机器每期的维修费为 200 元，不论使用与否。

5）人员管理。

A. 员工招聘与培训。企业可以在每期初招聘员工，但招收人数不得超过当期初员工总数的 50％。本期决策招收的新员工在本期为培训期。每个新员工的培训费为 500 元。培训期间新员工的作用和工资相当于正式员工的 25％。经过 1 期培训后，新员工成为熟练员工。

B. 员工退休或解聘。企业每期有 3％的员工正常退休。决策单中的解聘员工人数是退休和解聘员工人数之和。根据规定，1 期退休和解聘员工人数之和不能多于期初员工人数的 10％。本期退休或解聘的员工不再参加本期的工作，企业要发给退休和解聘的员工每人一次性生活安置费 1 000 元。

C. 员工待遇与激励。每个员工工作 1 小时的基本工资为第一班正班 3 元，第一班加班 4.5 元；第二班正班 4 元，第二班加班 6 元。未值班的员工按第一班正班付工资。

D. 员工激励。以上的小时基本工资是本行业的基本工资，也是各企业确定工资的最低线。企业可以用提高工资系数的办法激励员工。基本工资的工资系数为 1，若工资系数为 1.2，则实际工资为基本工资乘以 1.2。提高工资系数有助于提高企业的产品质量，减少废品率，也可以提高产品的等级。废品会浪费企业的资源、运费，还会因为顾客退换产品造成折价 40％的经济损失。当然，提高工资系数会增加企业人工成本。

（4）运营之财务规则

1）资金筹措。

A. 银行贷款。模拟开始时各公司有现金 3 000 000 元。为了保证公司的运营，每期末公司至少应有 3 000 000 元现金，若不足，在该公司信用额度的范围内，银行将在下期初自动给予贷款补足。企业也可以在决策时提出向银行贷款。但是，整个模拟期间贷款的总数不得超过 8 000 000 元的信用总额。银行贷款的本息在本期末偿还，年利率为 8%，每期的利率为年利率的 1/4。

B. 国债。公司每期都可以买国债，年利率为 6%。若购买国债，公司需在本期末付款，本利在下期末兑现。

C. 发债券。公司为了筹集发展资金或应付财政困难，可以发行债券。当期发行的债券可在期初得到现金。公司某期发行的债券金额与尚未归还的债券金额之和不得超过公司该期初净资产的 50%。各期要按 5% 的比例偿还债券的本金，并付利息。债券的年利率为 12%。本期发行债券的本利偿还从下期开始。债券不能提前偿付或拖延偿付。

2）纳税与分红。

A. 税务。税金为本期净收益的 30%，在本期末缴纳。本期净收益为负值时，可按该亏损额的 30% 在下期或以后几期减税。

B. 分红。公司分红应优先保证期末剩余的现金超过 2 500 000 元，且分红金额不能超过公司该期末的税后利润。需要注意的是，考虑到资金的时效性，公司累计缴税和累计分红按 7% 的年息计算。

3）现金收支次序。现金收支次序为：期初现金＋银行贷款＋发行债券－部分债券本－债券息－培训费－退休费－基本工资（员工至少得到第一班正班的工资）－机器维护费＋紧急救援贷款－研发费－购买原材料费－管理费－特殊班工资（第二班差额及加班）－运输费－广告费－促销费＋销售收入－存储费＋上期国债本息－本期银行贷款本息－上期紧急救援贷款本息－税金－买机器费－分红－买国债费。如果现金不够支付机器维护费以前的项目，会得到紧急救援贷款。此贷款年利率为 40%，本息须在下期末偿还。企业发生紧急救援贷款，即为破产。

（5）运营之绩效评判标准

1）7 项指标。系统通过以下 7 项指标进行绩效评判，它们是本期利润、市场份额、累计分红、累计缴税、净资产、人均利润率、资本利润率。其中计算人均利润率的人数包括本期解聘的和本期新雇的员工，计算资本利润率的资本等于净资产加未偿还的债券，市场份额为各个产品在各个市场销售数量的占有率。

2）指标权重。各项指标的权重分别为 0.2，0.15，0.1，0.1，0.2，0.1，0.15。最终各企业根据各项指标权重获得一个综合得分，得分越高表示企业发展越好。

2.2.2 初始状态

(1) 注册登录

管理员会根据教学和竞赛安排，提前设置好教室或赛区，系统生成学生账号。学生登录账号，网络版登录网址为 http：//bizsim.cn/，若安装本地服务器则登陆本地服务器网址。

(2) 初始运营条件设置（管理员设置）

第一期即系统中的第九期，模拟之前，管理员已设置完前八期，形成学生模拟运营的初始条件。管理员可以根据考察的侧重点进行不同的历史决策参数设置，形成历史决策数据，以便于同学们分析研究价格、广告、促销、产品等级与需求的关系，市场的自然变化以及工资系数与正品率之间的关系等。

其中一种设置方式如下。

第一期：默认决策。

第二期：研发费用调为 0，其他的不变。

第三期：每个产品的价格提高 200 元，其他的不变。

第四期：每个产品的广告费增加 10 000 元，其他的不变。

第五期：每个市场的促销费增加 10 000 元，其他的不变。

第六期：每个产品的广告费减少 10 000 元，其他的不变。

第七期：每个市场的促销费减少 10 000 元，其他的不变。

第八期：工资系数调为 1，其他的不变。

2.2.3 竞争模拟实训操作

(1) 团队组建

每个团队一般由三位同学组成，三位同学可以采用邮箱注册的方式，组建团队后选择需要担任的职务。三位同学分别担任五个职位：首席执行官（CEO）、首席财务官（CFO）、首席运营官（COO）、首席市场官（CMO）、首席人事官（CHO）。

首席执行官（CEO）的主要任务是组织、协调和考虑企业的发展战略。企业如果要扩大规模，就需要购买机器和多雇佣人员，这可能让企业在市场竞争中占有优势，但同时伴随各种费用和风险因素的增加。企业选择主攻产品还是主攻市场，也是战略决策需要考虑的问题。

首席财务官（CFO）的主要任务是保证企业运行中的资金需求，同时注意节约，降低成本。COO 和 CMO 的决策几乎都需要资金的支持，比如工资、研发、材料、广告、促销、运输、机器维修等都需要费用。在资金紧张时，

CFO可以用银行贷款或发债券的方式筹资；在企业资金富余时，多余资金可以用于企业发展、购买国债、分红等。

首席运营官（COO）的主要任务是考虑生产计划的安排。COO要分析上期生产计划是否合理，检查期末产品库存包括在工厂的库存和在市场的库存，查看本期可用的机器、人力和原材料，注意计算本期需要退休的员工人数、最多可聘用的员工人数，根据CMO提供的市场需求制订生产方案。COO还需要决定产品研发费用的投入。

首席市场官（CMO）的主要任务是分析市场，制定营销计划。因为营销计划依赖生产能力与产品库存，CMO需要与COO共同商定给每个市场的供货量。市场营销策略的主要内容是决定产品价格、产品的广告费用和在各市场的促销费用。CMO应该详细了解与市场有关的模拟规则，注意从历史数据中分析各种营销策略的效果，保证产品的供求基本平衡，不要有过多的库存，也不要造成明显的供不应求。

首席人事官（CHO）的主要任务是负责人员的招聘、培训、工资待遇、退休与解聘等。招聘与解聘要与企业的生产计划和战略发展配合好，以免人员不足或人员冗余。员工的工资待遇影响产品质量和产品等级，也会增加成本，制定工资标准需要考虑企业和竞争对手的状况。

（2）基本操作流程

1）登录账号。登录本地服务器网址或网址 http：//bizsim.cn/，由老师创建比赛并分组之后，根据老师分配的账号登录（图2-1）。

图2-1 登录页面示例

2）进入比赛。进入网络对抗中查看正在进行的比赛，点击进入比赛（图2-2）。

图2-2　进入比赛页面示例

3）查看模拟规则、公共报表、内部报表、市场消息等信息。首先熟悉运营规则，接收企业已有的各项资源，然后根据各种信息分析市场情况，了解市场需求，制定公司发展战略。

A. 公共报表（图2-3）。

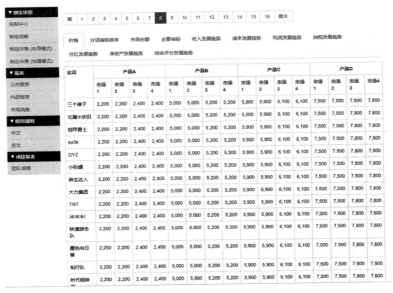

公司	产品A				产品B				产品C				产品D			
	市场1	市场2	市场3	市场4	市场1	市场2	市场3	市场4	市场1	市场2	市场3	市场4	市场1	市场2	市场3	市场4
三个箱子	2,200	2,200	2,400	2,400	5,000	5,000	5,200	5,200	5,900	5,900	6,100	6,100	7,500	7,500	7,800	7,800
北韓★依旧	2,200	2,200	2,400	2,400	5,000	5,000	5,200	5,200	5,900	5,900	6,100	6,100	7,500	7,500	7,800	7,800
铝甲勇士	2,200	2,200	2,400	2,400	5,000	5,000	5,200	5,200	5,900	5,900	6,100	6,100	7,500	7,500	7,800	7,800
su3k	2,200	2,200	2,400	2,400	5,000	5,000	5,200	5,200	5,900	5,900	6,100	6,100	7,500	7,500	7,800	7,800
GYZ	2,200	2,200	2,400	2,400	5,000	5,000	5,200	5,200	5,900	5,900	6,100	6,100	7,500	7,500	7,800	7,800
小蚂蚁	2,200	2,200	2,400	2,400	5,000	5,000	5,200	5,200	5,900	5,900	6,100	6,100	7,500	7,500	7,800	7,800
养生达人	2,200	2,200	2,400	2,400	5,000	5,000	5,200	5,200	5,900	5,900	6,100	6,100	7,500	7,500	7,800	7,800
大力集团	2,200	2,200	2,400	2,400	5,000	5,000	5,200	5,200	5,900	5,900	6,100	6,100	7,500	7,500	7,800	7,800
TNT	2,200	2,200	2,400	2,400	5,000	5,000	5,200	5,200	5,900	5,900	6,100	6,100	7,500	7,500	7,800	7,800
冲冲冲!	2,200	2,200	2,400	2,400	5,000	5,000	5,200	5,200	5,900	5,900	6,100	6,100	7,500	7,500	7,800	7,800
铁道游击队	2,200	2,200	2,400	2,400	5,000	5,000	5,200	5,200	5,900	5,900	6,100	6,100	7,500	7,500	7,800	7,800
墨色向日葵	2,200	2,200	2,400	2,400	5,000	5,000	5,200	5,200	5,900	5,900	6,100	6,100	7,500	7,500	7,800	7,800
知行队	2,200	2,200	2,400	2,400	5,000	5,000	5,200	5,200	5,900	5,900	6,100	6,100	7,500	7,500	7,800	7,800
时代姐妹	2,200	2,200	2,400	2,400	5,000	5,000	5,200	5,200	5,900	5,900	6,100	6,100	7,500	7,500	7,800	7,800

图2-3　公共报表示例

B. 内部报表（图 2-4）。

产品	市场	上期预订（件）	本期需求（件）	本期销售（件）	市场份额（%）	下期订货（件）	期末库存（件）	虚品（件）
1	1	0	100	100	5.00%	0	117	5
1	2	0	100	100	5.00%	0	117	5
1	3	2	154	144	5.00%	2	0	6
1	4	28	124	0	0.00%	27	0	0
2	1	2	65	59	5.00%	2	0	3
2	2	2	65	59	5.00%	2	0	3
2	3	25	137	67	5.00%	23	0	3
2	4	28	96	0	0.00%	26	0	0
3	1	0	73	0	0.00%	0	0	0
3	2	0	73	0	0.00%	0	0	0
3	3	0	79	0	0.00%	0	0	0
3	4	0	98	0	0.00%	0	0	0
4	1	0	89	0	0.00%	0	0	0
4	2	0	89	0	0.00%	0	0	0
4	3	0	79	0	0.00%	0	0	0
4	4	0	92	0	0.00%	0	0	0

产品	工厂库存（件）	本期研发（元）	累积研发（元）	产品等级（级）	成品比率（%）

图 2-4 内部报表示例

C. 市场信息（图 2-5）。

期数	消息描述	消息影响
1	在第 市场1 市场2市场附近发生水灾，铁路运输出现问题，产品的销售会受到一定影响。	事件已经发生并已产生影响
2	市场 市场4所在国筹办的运动会下季度正式举行，赛事期间，对产品 产品C 的需求必将有大幅度增长。	事件已经发生并已产生影响
3	无	
4	我国国民经济正在健康快速发展，市场 市场2附近居民对未来充满信心，消费市场会更加兴旺。	事件已经发生并已产生影响
5	由于厄尔尼诺现象的影响，第 市场4个市场附近的气候反常，经济损失严重，对产品的需求很可能有较大幅度下降。	事件并未真正发生或未造成影响
6	由于改革的深化，市场 市场1 市场2区域的居民收入有了较大程度的提高，对于产品 产品D 的需求估计会有明显提高。	事件已经发生并已产生影响
7	我国国有企业的改革不断深入，再就业工程见到效果，市场 市场2附近居民收入增加，消费品市场会更加兴旺。	事件并未真正发生或未造成影响
8	据可靠消息，市场 市场3所在国家发现大型油田并已经大规模开采，居民收入大幅度提高。	事件已经发生并已产生影响

图 2-5 市场信息示例

D. 战略目标制定（图 2 - 6）。

图 2-6　战略目标制定示例

4）制定企业决策并提交。制定决策有向导模式和快捷模式（图 2 - 7），可以根据自己的情况选择一种方式填写，推荐使用快捷模式。决策包括五个板块，分别是销售决策、运输决策、生产决策、人力和原材料决策、财务决策。

制定并填写决策之后，可以利用制定决策快捷模式页面底部的三个按钮，检查决策是否可行。决策可行需要满足两个条件：符合规则；可使用资源量大于等于执行决策所需的资源量，这里的资源包括现金、机器、员工、原材料、时间、产品等等。在各种资源中，现金资源变动最频繁、涉及的方面也最多，是需要首先重点管理的资源。

5）查看模拟结果。等待管理员模拟后查看模拟结果，并进行下期的决策，直至最后一期决策结束。

2.3　竞争对手分析

2.3.1　竞争情报来源

在竞争模拟系统中，我们能够得到的信息主要有企业的基础信息、各企业均能得到的公共信息、市场信息以及各企业内部信息，模拟竞争环境分析主要

价格（元）	市场1	市场2	市场3	市场4	广告（元）
产品A	2200	2200	2400	2400	10000
产品B	5000	5000	5200	5200	10000
产品C	5900	5900	6100	6100	0
产品D	7500	7500	7800	7800	0
促销费（元）	10000	10000	10000	0	

向市场供货量（件）	市场1	市场2	市场3	市场4
产品A	120	120	150	0
产品B	62	62	70	0
产品C	0	0	0	0
产品D	0	0	0	0

生产安排	第一班		第二班		产品研发费用（元）
产品数量（件）	正班	加班	正班	加班	
产品A	260	130	0	0	0
产品B	130	64	0	0	0
产品C	0	0	0	0	0
产品D	0	0	0	0	0
发展	新雇人数（人）	辞退人数（人）	买机器数（台）	买原材料（元）	
	6	6	0	500000	
财务	银行贷款（元）	发债券（元）	买国债（元）	分红（元）	工资系数(1~2)
	0	0	0	0	1.0

图 2-7　快捷决策模式示例

可以对这四方面的信息进行分析。

（1）基础信息

基础信息包括本公司名称、各期模拟时间、市场竞争对手、比赛规则等，通过基本信息可以了解企业面临的市场状况。

（2）公共信息

公共报表属于公共信息，在公共报表里可以看到上期各企业的经营状况，它们是用来分析市场竞争情况的主要信息。公共报表中包括各企业的定价、市场份额、经营状况排序、主要指标数据等；动态信息包括各公司的本期收入、成本、利润、纳税、分红、净资产、综合评分等数据，还有各期发展变化的示意图。

（3）市场消息

为了增添模拟竞争的博弈色彩，使竞争更加贴合实际，模拟系统还会发布市场消息。市场消息是对未来的预测消息，消息内容、消息的好坏是随机的，消息是否会发生以及对市场是否会产生影响也是随机的。它的结果只有两种：事件已经发生并已产生影响；事件并未真正发生或未造成影响。即使是前者，那么影响到底有多大，也都是不可预知的，怎样看待它也由公司领导人决定。

（4）内部信息

内部报表属于公司内部信息，可以查看公司状况。内部报表包括会计项目、现金流量表、损益表、资产负债表、期末净资产、期末产品状况、期末企业状况和时间序列表等8项。在决策开始之前，应当仔细查看公司的状况。其中最重要的是上期末各项状况。比如，要做第九期决策，第八期末的信息很重要。CFO要分析企业的现金流、净资产等，做到对企业的现金流了如指掌；CMO要研究产品状况，包括需求量、销售量、库存和订货等。企业状况还提供企业的员工数、机器数、原材料数量、现金总额等信息。同时，还可以查看历史上各期的经营状况。企业可以进入"时间序列数据"查看企业经营的历史演变情况，进行分析、预测，作为决策的依据。

2.3.2　主要竞争对手分析

（1）主要竞争对手识别

在企业的经营实践中，企业常常在分销渠道、市场定位、产品质量、技术水平、价格政策、广告政策及促销等方面与其他企业存在诸多不同。然而，在大多数行业内，根据企业基本战略或发展方向的异同，可以将行业内的企业划分成不同的群组，在同一群组内的企业的基本战略或发展方向都是相同或相似的，这种企业群组就是战略群组。它们具有相似的能力，满足相同细分市场的需求，提供具有同等质量的产品和服务。它们在类似的战略影响下，会对外部环境做出类似的反应，采取类似的竞争行动，占有大致相同的市场份额。

战略群组的划分一般可以从两个层面来考虑——经营范围和资源配置，也可以从市场和资源两个维度来考虑，还可以用战略特征与业务比重作为划分依据。但普遍运用的是经营范围和资源配置两个维度。在经营范围方面，可以选择的指标包括产品范围、产品多样化、物流覆盖率、市场渗透率等；在资源配置方面，可以选择的指标包括总投资系数、资产负债率、净资产收益率、财务杠杆、运营成本等。

在虚拟运营中选择市场和资源维度更合适，公司要选择对竞争绩效影响最突出的指标，如市场可以选择市场份额和价格两个指标，资源可以选择收入和利润两个指标，导出本赛区全部历史数据进行聚类分析，根据聚类结果确定战略群组，同一战略群组内的企业就是自己在该市场某产品的主要竞争对手。

(2) 竞争对手还原分析

公司还可以通过外部数据推导出竞争对手的内部决策状况，预测其下一步行动等。对手还原分析的主要内容一般有以下六个方面。

对手生产规模：员工和机器数量预测，比较对产品数量的影响以至对利润的影响。

对手产品结构：通过人机情况分析对手的产品结构，以此分析其对自己产品结构的影响，选择相应战略。

对手研发情况：了解对手的研发情况以推断其未来的潜力，还原研发差额以分析"真实"利润等。

对手营销组合：通过市场分析判断对手的主要产品和目标市场，分析对手广告投放、促销数量等，以此制定自己的营销计划。

对手市场状况：通过分析对手市场的战略库存及意外库存情况，预测下期市场走势。

对手财务状况：通过分析对手财务状况包括原材料战略性采购，了解对手的潜力。如对手某期已经迫于财务压力而压缩生产，而我方没有意识到其财务问题而误以为该对手大量战略性库存，这将会极大影响本企业战略制定。

2.4　战略规划及模拟实现

2.4.1　战略目标确定

由于虚拟企业初始内部资源完全一致，最初的战略目标制定仅仅代表团队的预期目标和设想。2～3期过后，行业内市场竞争活动展开，企业可以根据内外环境综合分析、竞争对手分析判断初始预期目标和设想的科学性和可行性，据此重新确定战略目标。一般需要明确公司的奋斗目标，出发点永远都是公司价值最大化，在虚拟经营中，公司价值最大化就体现为 7 项指标总和评分最高。

进行战略规划，制定战略的核心是在组织的目标、自身能力和所处环境之间寻求一种平衡，以充分实现其价值。这需要团队在综合分析企业面临的外部和内部环境因素的基础上，确定战略目标。外部环境包括宏观环境、中观环境及微观竞争对手环境三个部分，内部环境即企业自身形势。

内外综合环境分析中最常用到的方法之一即著名的 SWOT 分析方法，SWOT 分析用来确定企业本身的优势（Strength）、劣势（Weakness）、机会（Opportunity）和威胁（Threat），从而将公司的战略与公司内部资源、外部环境有机结合。该方法能够清楚地展现公司的资源优势和缺陷，了解公司所面临的机会和挑战，对于制定公司未来的发展战略有着至关重要的意义。

优势是指那些可以使组织比其他竞争对手更具竞争力的因素；劣势是指组织中的缺陷、失误、约束等因素，它使组织不能实现目标；机会包括任何目前对组织有利或未来会对组织有利的状况；威胁包括组织环境中的任何不利因素、趋势或变化，它将削弱或威胁组织的竞争能力。优势与劣势分析主要着眼于企业自身的实力及其与竞争对手的比较；而机会与威胁分析则将注意力放在外部环境的变化及其对企业的可能影响上。根据不同的内外部因素组合，SWOT 分析还为企业提供了四种不同的战略选择：SO 战略依靠内部优势，利用外部机会；WO 战略利用外部机会，克服内部劣势；ST 战略依靠内部优势，回避外部威胁；WT 战略减少内部劣势，回避外部威胁。

图 2-8 是结合比赛系统以举例形式编制的 SWOT 分析矩阵图，需要注意的是各团队在同一竞争环境中由于各团队的实际情况差异，所面临的优劣势往往也不一样。

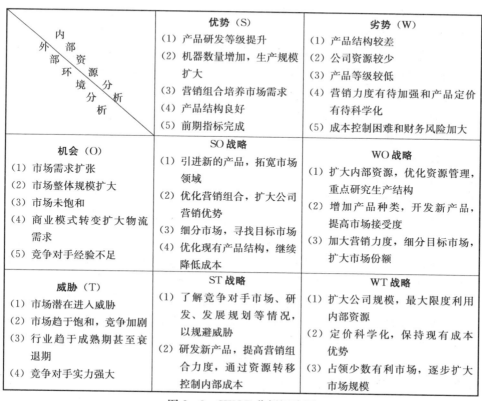

图 2-8　SWOT 分析矩阵图

目标的实现过程即为公司战略的制定与执行过程。每一个管理团队在接手自己的企业时，都应该在仔细分析历史资料、对手情况和评判标准的基础上为自己的企业制定一套完整的发展战略。

2.4.2　成长期战略（开局战略）

前三期属于企业成长初期，其中第三期较为特殊，它既是企业成长期的末段，也是企业扩张期的开端，故除开局战略外，第三期决策还会在下部分中局战略中有所涉及。成长期的战略要充分挖掘企业资源中蕴含的潜力。具体表现在大规模地提高生产力、进行市场开拓和产品研发。这几项都属于战略性决策，会产生重大而深远的影响。其中购买机器和产品研发将在未来较长时间产生投资效益。投资越早，收回期就越长，效益将会越大。

我们接手的公司前面已经经营了八期，有较为宽裕的财务资源和发行债券、银行贷款的额度，并且当前市场属于非常宽松的状态，市场需求较大且无法满足需求。充分利用这些资源，在第一时间进行最大规模的战略投资，就占据了战略制高点，也就把握了取胜的先机。在本阶段需要注意两个问题：一是购买机器和产品研发之间的协调；二是基本投资和配套资金之间的协调。

（1）第一期决策要领——把握四大潜力

1）生产潜力。大家通常用机器数量衡量生产潜力。实际上更准确的衡量方法是用有效机器工作小时衡量生产潜力。通过历史决策可以发现，原始决策是将所有的生产活动安排在一班正班和一班加班，这样做的好处是员工工资成本比较低，且便于管理，但这种安排造成了巨大的产能浪费。

根据规则可知每期每个正班有 520 小时，每个加班有 260 小时。那么，一班正班和一班加班共有 780 小时。如果改成一班正班、二班正班和二班加班，则共有 1 300 小时，整整提高了 66.7％的工作时间。另外，机器的使用费与班次安排无关，所以这种提高丝毫没有增加机器的使用费。换句话说，相当于无偿增加了 2/3 的机器有效工作小时。

机器是生产力的核心要素，但必须要有相应的员工配备，机器才能最大限度使用。根据规则"企业每期初招聘员工人数不得超过当期初员工总数的50％，新员工的作用和工资相当于正式员工的25％"，我们在第一期有效员工的最大增长率是 12.5％，与上述有效机器工作小时的增长幅度差距很大。相对而言，难度等级较高的情景比较容易解决这个问题。只需要研发一种技术（机器）密集型产品例如 D 或 C，并安排它占有较大比例的产品结构，也就可以将全部机器都使用起来了。

如果是在难度等级较低的情景中，则可以采用从一班制向两班制过渡的办法协调二者的矛盾。当然，还应注意到，与班次调整对应的员工工资开支将会明显增加。具体增加幅度可以自己计算得出。另外，管理费用的支出也会有所增加。更重要的是两班运行比单班运行在运筹方面需要考虑的因素更加复杂。因此，关于第一期的生产排班需要不断尝试，并选择一个最优的方式进行生产，最大限度地利用人机资源。

2) 市场潜力。 我们接手公司时，市场竞争往往还不激烈，大家的产能都处于比较低的阶段，市场需求还无法被满足，但市场需求会随着行业发展快速增长并趋于稳定。市场需求量主要取决于市场价格，当然还受产品寿命周期、季节以及供应商的促销手段和产品广告等因素影响。团队应根据市场供求曲线开发市场潜力，当供应量较小时，则有利于形成较高的市场价格。因此，当我们的供应量受生产量的限制时，应选择进入更多的市场，那么每个市场配送的数量将减小，有利于享受较高的价格，进而有助于获得更佳的市场发展。

当然，每个市场都有自己的固定运费，即所谓的市场进入门槛，远方市场3和市场4的运费还要更高一些。因此应先行分析进入新市场的投入产出效益，再决定是否进入。

3) 财务潜力。 我们接手的公司往往还有大量的现金结余，另外还会有较多的债券以及银行贷款额度。这些都是尚未利用的财务资源，财务潜力在于将所有能够利用的财务资源最大化合理利用，创造最大的未来价值。

根据财务学原理，资产负债表左侧各种资产形态的获利能力是自上而下递增的。换言之，现金的获利能力几乎为零，而非流动资产的获利能力最高。因此，企业的财务潜力在于把这些沉淀的财务资源充分利用，进行大规模战略投资、购买机器和产品研发，让我们的企业在未来长时间内拥有战略优势。通常，第一期购买机器的数量可以接近原有机器的数量。

4) 产品资源。 在较高难度级别的竞争中，会有一个或两个产品尚未研发。只有开发这些产品，才可能进入对这些产品有需求的市场，从而获得新的利润增长点，同时减轻原有产品在市场中的压力，分担风险。

在我们接手第一期时，机器生产能力以约67%的幅度提高，员工则最多提高12.5%。由于新产品通常是技术（机器）密集型产品，此时进行新产品研发，更有其突出的战术价值，既可以吸收多余的机器机时，同时只需要配合较少的员工。

(2) 第二～三期决策要领——平衡过渡

1) 平衡资源。 企业的资源有多种，做到相互间的平衡将使其发挥最大效益。首先讨论机器与员工间的平衡，这是当前的主要矛盾。在第二期决策中，不仅仅要考虑本期的平衡，更多需要考虑下期的平衡。因为下期将有大量的机器"涌入"厂房。如果现在包括第一期不做准备,将会措手不及。

之所以把前三期合并为一个"阶段",主要是因为第三期新机器才能到位。而第三期到位的机器,无论从绝对数量还是相对数量上看,可能都是在整个竞争中各期增加的机器数量中最多的一次。因此在决定生产排班时,应该把前三期看作一个整体进行安排,做到充分平衡,利用各项资源,不浪费资源。

2)平衡人工。按照规则,机器的增长节奏和员工的增长节奏有很大差距。图 2-9 是某实战案例。为了保持机器与员工的平衡,可从第三期的生产计划入手。如果员工足够,则可在保证第三期平衡的基础上,让第一期和第二期的不平衡降到最低。如果按最快速率增加员工仍无法保证第三期的平衡,则应在第一期就适当减少机器的增长数量,以免因不平衡而造成浪费。

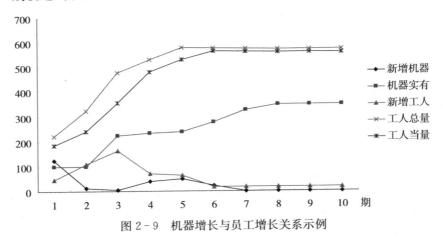

图 2-9 机器增长与员工增长关系示例

3)适量压货。该操作需要较强的市场驾驭能力。具体操作为第一期生产产品 A、B、D 或产品 A、B、C 或产品 A、B、C、D,并在第一期通过调高价格适当压存产品 D 或 C,第二期生产产品 A、B、C 或产品 A、B、D,并全面清空所有库存。

通常情况下,每期都应力争"双零",即"期末产品状况"中的"下期订货"和"期末库存"两栏都为零。"零"在这里可理解为最低。"双零"是基于加速资金周转、节约库存费用、均衡市场压力等方面的考虑所应采取的决策原则。但第一、二两期的情况属于非常时期,不适用通常情况下的一般原则。

首先,第一期机器加工能力突然增长 2/3,但员工最多只能增长 1/8。相对富余的机器只能用技术密集型产品来消化。产品 A、B 为劳动密集型产品;

产品 C、D 为机器密集型或技术密集型产品。其次，第二期的员工又陡增 50%，产品结构的重心重新回到 A、B。最后，从固定运费和管理费角度看，区区百余台机器的产能，铺开分布到 4 种产品上，可能会增加总成本。适当地减少产品品种，反而有利于降低成本。

因此，第一期生产产品 A、B、D，并有意提高产品 D 的价格，留存部分产品 D 到第二期销售；第二期生产产品 A、B、C，配合第一期市场压存的产品 D 和工厂库存的产品 D，全面销售，力争"双零"，就能取得超额利润。如果第一期压存的产品 D 集中于市场 3 和市场 4，第二期只往市场 1 和市场 2 运送产品 D，更能节约可观的固定运费。

应该注意的是，这里所说的压货，是特殊时期的特殊操作，是在不平衡中寻求平衡的一个过程，是一种权变。

2.4.3　扩张期战略（中局战略）

随着新增机器到位投入使用，各种资源也都配置到位。第三～五期，企业进入扩张期的高峰。此时应做到把握市场、合理配置资源、优化产品结构。

（1）第三期决策要领——把握市场

在制定第三期的决策时，要考虑本期的各项平衡，还需要注意，由于大家的产能都在第三期激增，而市场容量有限，可能存在各企业产品的供应量超过市场需求的状况，因此对于市场的把控非常重要。怎样分配产品投放到各个市场？每个产品和市场的广告费用和促销费用投入多少？如何定价？这些都是需要重点考虑的问题。

1）产品分配。

A. 按比例分配。根据市场的需求规律，市场 1 和市场 2 的需求量比市场 3 和市场 4 的需求量小，所以产品投放时应考虑需求量的差异，可以根据需求差异按照一定的比例分配产品。产品分配时还应该考虑上期的销售情况，在上期库存较多的情况下，可以选择适当调整生产，减少该产品的生产和销售，或者进行降价销售。一种较为简单的分配方式即如果有库存，加上库存的数量按比例分配；如果有预定，减去预定的数量按比例分配。例如，现在产品 A 可运往市场的数量是 205 个，市场 1～4 分别有 5，10，7，3 的库存，市场 1、2 和市场 3、4 的需求比例大约是 1∶1.5，产品 A 加上库存的数量总共有 230 个，根据比例，市场 1～4 分别分配的数量为 46，46，69，69，将得出的分配数减去已有库存即是运往该市场的数量，即 205 个产品运往市场 1～4 的数量分别是 41，36，62，66。

B. 平均分配。除了上述按照比例分配产品，还有一种更简单的方式就是所有市场平均分配产品，然后根据需要销售的产品数量调整该市场的产品价格。例如，现在产品 A 可运往市场的数量是 200 个，不论市场是否库存还是预定，运往市场 1～4 的数量都是 50。平均分配需要更多考虑整个市场的销售状况进行定价。

2）广告费用和促销费用。第一、二期，由于供不应求，所以一般不需要投入过多的广告和促销费用，但是也有例外情况，就是在价格较高的情况下，想要卖出更多的产品就需要提高广告和促销费用。产品的广告费根据产品的销售情况而定，如果库存较多则提高广告费。促销费用根据各市场的销售状况而定，由于市场 1、2 的需求大致相同，市场 3、4 的需求大致相同，所以在需求相似的市场，在产品数量和定价相同的情况下，若销售数量差别较大则说明该市场的竞争较大，相应地应该增加促销费用。

3）定价。关于产品的定价，需要综合考虑多种因素。第一期的定价由于没有参考，可以通过分析时间序列进行定价，时间序列中展示了各个产品在各个市场中广告、促销、价格等对于销量的影响，通过简单的计算可以大致知道定价多少合适，但是通过计算得出的价格不一定准确，因为不知道竞争对手的定价如何。通过经验总结，我们认为开局的定价需要有一个大幅度的增加，较合适的设法为产品 A 在初始定价的基础上增加 200～500 元，产品 B 在初始定价的基础上增加 500～1 000 元，产品 C 在初始定价的基础上增加 1 000～2 000 元，产品 D 在初始定价的基础上增加 1 500～2 500 元。以上价格是基于待销产品数量（本期可供销售的产品数量）与上期需求基本相同的情况下，可以参考的定价；如果本期待销与上期需求相差较大，应该调整定价。给定的加价范围表示具体增加多少应该根据市场情况考虑，例如，本期待销与上期需求基本相同，并且上期销售时有库存，那么应该少量加价。

第一期定价没有参考，可能定出来的价格不尽如人意，导致有大量库存或预定。到了后期，由于有前一期的定价参考，可以尽快调整自己的定价。调整定价的一种方式如下。查看前三名的定价，如果销售数量（可以根据市场占有率算出所有组的销售数量）与你接近，但价格差别较大，说明你的价格偏低，可以根据前三名的定价提高自己的定价，同时要适当提高广告促销费。如果前三名与你的销售数量差别较大而价格接近，说明你的广告促销费太低，同时产品品质低也有影响。如果前三名的销量和价格都与你有较大的差异，不知如何参考，可以多找几组销量接近的价格进行比较，综合定价。定价需要根据不同的市场情况和竞争对手状况实时变化，做好市场情况（供不应求或供过于求）和竞争对手的分析非常重要，由于数据较多，要学会利用工具辅助计算。

（2）第四期决策要领——合理资源配置

企业经过第一阶段的成长后，财务资源得到充分利用，资金紧张将成为新的主要矛盾。本阶段的经营策略是灵活使用资金头寸，安全度过资金紧张期，协调平衡各种生产资源的比例，使之保持在理想状态。

从财务资源的角度看，本阶段应尽可能利用银行贷款，并挖掘各种潜力，最大限度地购买机器，扩张产能，争取更大的利润和市场占有率。产品研发也需有计划地跟进，当然需要关注研发的投入产出效益和现金回收的节奏。从产品结构的角度看，应密切关注各产品的边际效益，不断采取有效措施，保证生产运行在最佳状态。

资源配置恰当首先是指员工与机器间的比例恰当，因为第一期和第二期购买的大量机器在第三期和第四期到位，第三期补充的机器在第五期到位。企业的产能瞬间扩大，同时人工应该要跟上机器的增长，不然会造成机器的大量浪费，当然人工的配置要结合前两期综合考虑，达到平衡状态。另外还应注意现金、原材料等的存量和流量，生产的大规模增加导致原料的需求也大规模增加，为了保证原料的供应，应当及时购买原料。而大量的原料购进和生产、运输费用，导致对于资金的需求增加，企业可以通过发债券和银行贷款的方式补充现金流，但有时也会出现债券和贷款都无法弥补现金流断流的情况，这时就需要调整战略。

（3）第五期决策要领——优化产品结构

产品结构合理有两方面指标，即每种产品的边际效益相等和市场总占有率最高。产品的边际效益可以通过单位机器贡献率、单位人工贡献率以及资金贡献率等指标来衡量，其中单位机器贡献率为主要指标。

不论我们选择的是四产品战略还是三产品战略甚至两产品战略，都存在一个产品结构的优化问题。假设我们已决定生产 A、B、C、D 四种产品，那么各产品间怎样的组合结构是最优的呢？对于最优我们要从不同的角度来理解，最常用的指标是利润，即实现利润最大化。

在其他条件不变的情况下，合理的产品结构将产生良好的利润，最优的结构必然导致最大的利润。那么怎样的产品结构就算是合理甚至最优的呢？从理论上讲，当每个市场的每个产品的单位机时边际贡献或称贡献毛益均相等时，本期利润可实现最大化。

在边际分析中，一般采用单位生产最大约束资源的边际贡献进行分析最为合理。在我们的比赛中，生产的约束条件主要有机器、员工、原材料三项因素。当然也可能存在资金问题，没钱了或许就得按最省钱的方式生产。在这里之所以采用单位机时是因为在我们合理或理想的规划与预算中，只有机器的约束性最强，员工、原材料都可与机器相匹配，为可变因素，可调节性较强，资金就更应该没有问题了。但我们在具体的比赛过程中，往往需要考虑很多其他因素，如市场状况、扩张需要等，而不能单纯地使用该指标决定生产。因为有可能我们的最优生产需要耗费很多的原材料，而在中前期资金极其紧张的情况下这将很大程度上影响银行贷款使用，银行贷款额度消耗过快必然束缚企业的扩张步伐，此处的短期银行贷款相当于企业的运营资金。

从各市场每种产品的单位机时边际贡献指标来看，四产品战略的利润潜力是最大的。由于其产能充分分散，各市场的产品数量相对较少，价格相对更高，从而在产能一样的情况下，四产品战略中各市场的单位机时边际贡献均高于其他产品组合战略。

在衡量产品结构的财务指标上，除了边际贡献分析法外，一般常用的财务指标有收入利润率、成本利润率、投资回报率等。由于各指标的内涵、侧重点不同，在具体的比赛过程中应综合运用多种指标进行分析，从而更好地指导团队决策。

2.4.4 稳定期战略（终局战略）

（1）第六期决策要领——期间费用控制

期间费用控制包括管理费用、生产费用及市场费用等的控制。整个虚拟运营期间都需要严格控制企业的成本，要控制成本首先得划分固定成本与变动成本，对于具体的某一期而言，固定成本是不可避免的，如机器折旧、未偿还债券的利息等，但从长期来看没有绝对的固定成本。短期内，我们要控制的成本只有变动成本，控制成本并不是说完全不考虑其他因素一味地压缩成本，控制成本是为了实现利润最大化，在这个原则下尽量做到不浪费、不多花一分钱。

虚拟运营每期都面临期间费用控制的问题，但前期的费用可控难度大。进行到第六期，大规模投资已基本完成，固定成本基本上已经明确，期间费用控制主要在于控制变动成本。与当前决策相关的变动费用包括管理费用、生产费用及市场费用等，管理费用主要与生产排班相关，生产费用包括生产过程中产生的人工、加工、原材料、库存等相关的费用，市场费用包括运输、促销、广告等费用。这里的关键是控制市场费用，通过前期的市场分析，特别是竞争对手的还原分析，基本上可以把握竞争规律，从而对产品配送、广告和促销进行合理化安排，争取在取得预期市场效果的同时尽量控制费用。

（2）第七~八期决策要领——稳定绩效

第七~八期，到了稳定阶段，各企业的资源基本处于稳定状态，很少会有资源的大规模增长，因此只要保持住当前状态，都不会有太大变化。当然也存在因为前期定价等策略失败导致产品大量库存的状况，而这时的市场已经过于饱和，只能通过降价的方式来销售产品，可能大量降价销售产品会带来一小波的利润激增。但是在最后关头，大家的状况都差不多，所有人都降价销售，因此也不一定能够通过降价销售带来排名上的较大变化。但是在末期，在整体战略不变的情况下，仍然可以通过一些方式来提高和稳定经营绩效，获得更理想的评价分值。下面是一些经验总结。

第一，末期和倒数第二期购买的机器，不可能在比赛期间安装完工并形成生产力，因此在第七、八两期购买机器对提高成绩没有意义。

第二，结束期通常会有大量的结余现金，此时应大量甚至最大限度分红。这样做有两大好处：一是相同金额的分红可能会获得高于净资产的分值，具体数额可以自行计算；二是分红降低了净资产，有利于提高公司的资本利润率。由于最后两期都不需要购买机器，所以是最大限度分红的最佳时机。但分红导致的净资产下降，也会降低该项得分，所以应根据实际具体权重来综合考虑。

第三，小心把握关键点和期末现金余额，保证不出现偏差。注意规则中的有关规定："在计算标准分时，会考虑上期综合评分的影响，也会根据企业的发展潜力进行调整。""如果企业所留现金小于本期初现金或本期费用，这意味着经营的连续性不佳，其标准分将适当下调。"

2.5　运营攻略

2.5.1　全面预算——滚动预算法

全面预算是关于企业在一定的时期内各项经营活动、财务表现等方面的总体预测，是对企业战略规划的一种正式、量化的表述形式。全面预算通过合理分配企业人、财、物等战略资源，协助企业实现既定的战略目标，并与相应的绩效管理配合，以监控战略目标的实施进度，控制费用支出，并预测资金需求和利润。

全面预算的编制方法多种多样，在此推荐滚动预算。滚动预算又称连续预算或永续预算，是指按照"近细远粗"的原则，根据上一期的预算完成情况，调整和具体编制下一期预算，并将编制预算的时期逐期连续滚动向前推移，使预算总是保持一定的时间幅度，凸显了"长计划，短安排"的理念。

2.5.2　拓展竞争思维

对企业而言，来自行业内外的任何一种竞争力量都是一种挑战与威胁。企业要在市场上确立并维持自己的市场地位，应付各种竞争力量，就必须在分析研究每种力量的来源及其作用方式的基础上，制定相应的对策，抵御或影响这些竞争力量，使其对企业有利。这正是确定竞争战略的关键与目的所在，也是企业发挥和提高其市场竞争力的直接动因。迈克尔·波特将影响企业竞争的因素，或称其为影响某一行业竞争状态的基本力量，归纳为五个方面，即行业内现有企业间的竞争、潜在的参加竞争者、替代产品生产者、购买者、供应商。

对不同企业、不同行业而言，这五种竞争力量的影响力是不同的，每个企业、每个行业都有其最主要的影响力量。因此企业在制定竞争战略时，必须首先进行行业竞争结构分析，认清影响企业竞争的各种力量以及这些力量对企业的作用程度，以此为出发点确立的竞争战略才会大大提高企业的市场竞争力，使企业在利用一切可利用市场机会的同时，也能从容应付可能出现的挑战与危机，在竞争中获得成功。

（1）供应商的议价能力

供应商为模拟系统，任何企业需要原材料，供应商都能无条件供应，不存在议价的情况，所以这一要素在模拟经营时不予考虑。

（2）购买者的议价能力

本系统中对各企业产品的需求由系统根据企业产品质量、广告促销费用以及价格等综合评判后分配。等级高、质量好的产品能增大需求；广告促销费用的投入也能够促进市场需求；价格也是重要的因素，低价格需求相应较高，高价格需求相应较低。购买者这一要素在系统中并无直接体现。

（3）新进入者的威胁

新进入者在给行业带来新生产能力、新资源的同时，也会希望在已被现有企业瓜分完毕的市场中赢得一席之地，这就有可能会与现有企业发生市场份额的竞争，最终导致行业中现有企业的盈利水平降低，严重的话还有可能危及这些企业的生存。竞争性进入威胁的严重程度取决于两方面的因素，即进入新领域的障碍大小与预期现有企业对于进入者的反应情况。

在模拟竞争中，第一期由于产能不足，可能会有部分竞争者不会进入所有市场。但是从第二期开始，所有竞争者都会进入几乎所有市场抢占市场份额，并且各市场几乎所有产品都有销售，所有企业几乎在同一时间进入市场，大家都属于新进入者，彼此之间都是威胁对方的对手。

（4）替代品的威胁

在模拟系统中，不存在替代品，大家能够生产和销售的都是同样的四种产品，产品之间只有由于研发等级不同而导致的等级区别，因此不需要过多考虑替代品的威胁。

（5）同业竞争者的竞争强度

大部分行业中的企业，相互之间的利益都是紧密联系在一起的。作为企业整体战略一部分的各企业竞争战略，其目标都在于使自己的企业获得相对于竞争对手的优势，所以，在实施中就必然会产生冲突与对抗，这些冲突与对抗就构成了现有企业之间的竞争。现有企业之间的竞争常常表现在价格、广告等方面，其竞争强度与许多因素有关。

一般来说，出现下述情况将意味着行业中现有企业之间竞争的加剧，这就是行业进入障碍较低，势均力敌的竞争对手较多，竞争参与者范围广泛，竞争者企图采用降价等手段促销等。在模拟系统中，所有企业进入市场都没有较大的限制，只要有产品生产即可进入市场销售，因此同行业竞争者的竞争强度高，大家都想尽办法获取利润，抢占市场份额。

2.5.3 整体运营综合平衡

（1）竞争战略选择——"质"与"量"的权衡

产品质量与产品数量是企业最大的两项投资，并且互为资金投入的机会成本。虚拟运营中企业的财务资源是极其有限的，规模扩张的机会成本主要是质量的提升，质量提升的机会成本主要是规模扩张。如何做好"质"与"量"的权衡，成为竞争的关键之一。理论上，当规模扩张和质量提升的边际效益相等时，即可实现平衡。但实际上无法量化分析，往往需要定性分析以及直觉和经验判断。

（2）产品发展战略

我们所经营的企业在初期已经具备生产 A、B 两种产品的能力及一定的市场，尚有两种产品 C、D 可供选择性开发，同时已有产品 A、B 的性能、质量等均可进一步提高，也可选择放弃生产。因此针对产品的发展战略，我们应考虑以下几方面：一是产品发展的种类选择；二是怎样在既定的产品种类下进行组合；三是如何对已生产及要生产的产品进行研发规划；四是怎样在产品不同生命周期阶段进行不同的战略选择。

1）产品选择与组合。我们需要根据产品周期规律选择生产哪种产品，进而确定产品未来的基本发展方向。我们现在可供选择的基本产品战略组合有两产品战略，如 AB、AD 等；三产品战略 ABC、ABD、ACD、BCD 等；四产品战略 ABCD。

两产品战略最显著的优点就是低成本，特别在前半个经营期，执行该战略的企业几乎可以遥遥领先，但后劲严重不足。在定胜负的中后期，执行该战略企业的产品、市场过于集中，利润增长困难，企业生存空间狭小，经营风险较大，并且人均利率、市场占有率等指标极其低下。

三产品战略与两产品战略相比具有更多的后期优势，但与四产品战略相比则不足。三产品战略与四产品战略相比具有低成本的优势，但又不如两产品战略成本更低，近似于一种中间路线。

四产品战略前期投入相对较多，但后势强劲。并且各项指标易达到平衡，具有极强的竞争力。从实战来看，四产品战略是大势所趋，生命力极其旺盛。

对于在既定情况下到底是选择三产品战略还是四产品战略，主要考虑的是产品生存空间问题。三产品战略比较适合参赛者水平较低或赛区参赛率不高的比赛，此情况下，即使产能过于集中，各产品仍然有足够的生存空间，利润也还比较可观。但是在参赛者水平较高同时参赛率较高的比赛中，大家都有较强的扩张能力，产品、市场的竞争极为激烈，各产品的生存空间相对缩小，产能过于集中将难以应对各种不确定风险，如主打产品或市场被别人倾销，将造成极大冲击，此时四产品战略比较适用。

即使在利润、累计利润等各项条件一样的情况下，从综合评分指标来看，市场份额是 7 项评分标准之一。从理论上看，在机器数量即产能一定的情况下，四产品战略的市场份额高于三产品战略及两产品战略的市场份额。同样由于产品 C、D 为机器密集型产品，所需工时相对较少，故其人均利润率也相对较高。

2）研发策略。关于研发，我们最关注的是两方面的问题：第一，研发会增加成本；第二，研发能促进需求的增加。其中，增加的成本是确定的，但增加需求的幅度，却是未知的，也是需要我们用科学的方法来检测的。当然除此之外，我们还应注意以下几点。

一是早研发早受益，因为研发具有长期效应，其受益期为研发当期及以后各期，越早研发受益期越长。

二是研发的效益边际递减，边际效益递减是最基本的经济学原理之一。

三是研发费用的合理会计分摊原则应该是"谁受益谁承担"。作为投资规划处理，研发的受益期是当期及以后各期并非系统分摊成本的两期，故应所有受益期按一定原则分摊，计算投资回报，而不是简单根据对系统成本分摊期的投资受益关系来指导投资决策。

根据研发的分摊原则，可知中前期的研发一般应视为长期的战略性投资。在最后的冲刺阶段也并非为了控制成本而绝对不能研发，在资金允许的前提下，最后两期的研发可视为短期投资行为。只要当期投入的研发所带来的收益增加高于本期分摊的 1/2 研发费用，那么研发是完全成立的也是必要的，因为此时高额营销费用的边际效应往往已经到了尽头，机器购买已经结束。此时在收益大于投入成本的前提下，研发不失为一种短期投资手段。

下面就举例分析两种常见的基本研发策略。

一是早且集中地研发，并尽可能研发到头，产品的竞争集中体现在"质"上。早研发早受益，抢占产品质量先机，蓄积厚势。其优势主要体现在厚积薄发，后期的强劲势头几乎不可阻挡，但劣势则是前期原始积累往往不足，扩张多受限。

二是交错研发，并非研发到头，产品的竞争集中体现在"量"上。该战略几乎与第一种战略是相对的，其主要优势体现在前期的原始积累上，只要能将这种原始积累利用好，其后期则能以压倒性的"量"来取胜。但这种战略往往伴随着产品质量不高的劣势，后期特别是最后冲刺阶段企业压力较大。

3）产品生命周期。 一种产品在市场上的销售情况和获利能力会随时间的推移而发生变化，就如同人的生命一样，会经历一个诞生、成长、成熟和衰退的过程，这就是产品的生命周期。典型的产品生命周期一般可以分成四个阶段。

引入阶段，产品具有高创新率和不断改进的特征，但需求量与销售量都较小，且增长缓慢，该时期产品各项投入较大，企业一般利润微薄甚至亏损。

成长阶段，需求迅速上升，产品的创新率逐渐减缓，产品的特征日趋标准化，利润增长显著，同时竞争者纷纷进入。

成熟阶段，需求达到最大且比较平稳，产品达到黄金时期；市场趋于饱和，销售增长缓慢直至转而下降，竞争明显加剧。

衰退阶段，此时新产品及替代品不断出现，原产品需求迅速下降，其销售额、利润额也随之下降。

针对产品所处生命周期的不同阶段，所实施的经营策略也各异。在模拟经营竞赛中，由于比赛有限的期数以及系统的特殊性，并没有体现出产品完整的生命周期。各产品在有限的经营期内均表现出增长趋势，产品发展空间一直很大，可以将整个比赛过程都看成是产品的成长阶段。对于成长阶段的产品我们应采取的经营策略是努力扩大生产能力，提高产品质量，创立产品品牌；积极开拓新的销售渠道和新的市场，使产品销售更为广泛；通过积极的广告宣传，树立企业品牌形象等。理论上，当我们的产能达到产品的边际收益等于其边际成本时，即边际利润为零，此时继续扩大产能会降低利润，换言之此时已经达到利润极限。实战中，当我们实施四种产品均衡投产的战略时，边际利润为零在有限的经营期内不会到来；如果产能过于集中，市场也过于集中，那么这个极限出现的可能性就较大。

(3) 供产平衡匹配

1) 供应安排。 供应安排的基本原则可归纳为最小资金占用原则、最大折扣优惠原则和长期平衡原则。

按照最小资金占用原则，原材料采购应在保证生产需求的前提下，尽量减少采购量，以节约财务资源。所谓最大折扣优惠原则，是指在保证最小资金占用原则的基础上，当采购数量接近某个优惠等级时，将实际采购量提高到该等级以便享受更高的批量折扣优惠的策略。而长期平衡原则是指在遵循上述两个原则的基础上，从整个经营期例如八期的长度统筹安排每期采购量，以取得最佳综合效益的策略。

2) 生产安排关注人机匹配。 分析本系统的盈利机制可以发现公司利润的唯一源泉是销售产品。所以进行生产运筹的原则可以归结为两条——提高产量和降低成本。然而在产品结构既定的前提下，为了追求最大利润，一味地节省生产成本多生产产品 A 或 B，其代价就是雇佣更多的员工，这会导致人均利润率降低。那么怎样排班才合理呢？

A. 排班原则。排班应关注以下几方面的原则。

一是机器是最紧缺的资源，且在本期内没有调整余地，应最大限度使用。具体来说，一般情况下，应安排一班正班、二班正班和二班加班，即每台机器每期（季度）生产 520＋520＋260＝1 300 小时。

二是人力资源的特点是增长速度有限制，且本期新聘的员工只有 1/4 的生产能力。所以增聘员工要有长远眼光，尽力避免解雇员工。

三是为了贯彻降低工资水平的原则，应考虑把劳动密集型产品如 A、B 安排在工资费率较低的班次如一班正班，而把非劳动密集型产品如 C、D 安排在其他班次如二班加班等。

四是为了贯彻节约管理费用的原则，应设法让每个班次生产的产品品种尽量简单。

五是由于机器增长节奏与员工增长节奏存在差异，两者不太协调的情况经常出现，企业可用产品结构的调整来适应增长中的不协调。

B. 长期规划要点。长期规划应注意以下几点。

一是以最大的规模和最快的速度购买、安装机器。增加产能是不二的制胜法则。

二是员工聘用尽量与机器的增长保持协调，当然期间有许多技术问题需要解决。

在各产品盈利能力均衡的前提下，生产成本最低排班模式一般见于以下两种情况，如表 2-9 和表 2-10 所示。

表 2 - 9　生产成本最低排班模式 1

第一班正班	第一班加班	第二班正班	第二班加班
A			
B			
C		C	
		D	D

表 2 - 10　生产成本最低排班模式 2

第一班正班	第一班加班	第二班正班	第二班加班
A			
B		B	
		C	
		D	D

我们一般不会使用第一班加班，因为这意味着对产能的浪费，但特殊情况也是客观存在的。

3）合适的工资系数。工资系数是唯一与员工积极性相关联的指标。提高工资系数可以更有效地激励员工，从而一定程度上提高产品等级、降低废品率进而提高市场占有率等，综合提高产品的市场竞争力。那么工资系数到底定位在什么水平比较合适？

要分析工资系数，我们首先应关注工资系数的成本与收益对比。成本就是增加的工资，同时考虑这部分资金用于别处如广告促销等的机会成本，机会成本是人们经常忽视的。收益主要是减少废品，通过提高正品率在减少废品的同时增加收入，因此我们需要了解废品的数量和废品损失的计算公式。收益其次是提高产品等级，从而相应增加需求。收益中常被人们忽视的是市场占有率，比如产能 300 台机器时，废品率 5%（工资系数为 1）与废品率为 0% 会相差 15 台机器的有效产能，市场占有率也会相差不少。

同时工资系数的上升或下降对正品率的影响具有一定的滞后性，这里将其称之为工资系数的适应性，比如 1.4 的工资系数能使正品率为 1，但是这个 1 不会一步到位，要经历一个正品率从 0.99 到 0.995，逐步接近 1 的过程。同样当我们把 1.4 的工资系数一次性降为 1，它的正品率也不会一次性下降到 95%。因此如果仅看工资系数对当期的利润影响又是不够精确的。

在确定工资系数时一定要慎重考虑机会成本，具体策略需结合具体情况而定。在不使用银行贷款的期数如前两期与后三期，应完全遵循当期利润最大化原则确定工资系数，而在中间几期则需衡量银行贷款的机会成本，因情景而异。因为不消耗银行贷款时机会成本相对较小，此时是用现金带来利润增加。期末企业的营运资金会增加，更何况在不用银行贷款的期间，一般都是现金相对富余的时候；而在使用银行贷款期间，我们是用银行贷款额度带来利润增加，实际上减少了企业的营运资金，因为增加的税后利润额度一般都远远低于偿还贷款的额度。

（4）营销组合恰当

1）产品配送优化。根据供求关系影响价格的原理，原则上应该把产品平均安排到各个细分市场，从而获得最高销售价格带来的收益。但也存在不同的情况。

假设现在市场部门有 N 个可投入的产品 A，那么到底是投三个市场还是投四个市场呢？遵循利润最大化原则，一般情况下投入四个市场的利润都会相对较高，由于市场的分散性，总的价格更高，市场边际贡献也更高。但是往往在模拟经营初期，产能严重不足，某产品产量相对较小，则存在将产品集中到两个或三个市场中比分散到四个市场中利润更高的情况，因为市场分散虽然价格更高，带来一定收益，但由于量的不足往往弥补不回来多投入一个市场所带来的固定运费的增加。

如果我们的选择是投三个市场，那么就还有一个没有产品供给的"空"市场需要处理。对"空"市场如何处理的问题，往往大家偏向将产品价格定得很低（1元）或很高（几万元），其目的分别是压低市场价格与缩小市场需求。从表面上来看这也是打压对手的措施，因为自己不供货，不会受到直接损害，直觉上这两种做法是可行的。下面就分析一下这两种做法的可取性，首先定价1元将使自己在该市场产生大量低价订货，这意味着下期我们自己还是不能进入该市场，实际上断了自己再进入该市场的后路。同时定超低价，将产生大量"未满足需求"，关于本企业本期生产未满足需求，比赛规则里有这样明确的规定，"某公司不能满足的需求，除了转为下期订货，其余的可能变为对其他公司的需求"。定超低价实际上就是在增加市场对我们对手的需求，对自己更是百害而无一利。关于定超高价的情况，由于自己的需求已为零，所以这是绝对不会增加对手需求的做法，但这样做也有其弊端，假如我们下期要再进入这个市场，将缺乏参考价格。因此最好的做法是适当提价，让市场形成一定订货。

以上是仅从利润角度来分析，当产能不足时存在放弃部分市场的选择，下面继续从非利润角度来分析。

首先市场占有率指标。在本企业某产品供货量或产量一定时，当实现四个市场该产品市场份额均相当时，通过标准分计算该产品对市场占有率指标贡献最大，故放弃市场的选择无外乎对该指标影响巨大。

其次市场进入壁垒。根据规则中的"市场机制"可知，企业本期某产品在某市场的需求也会受上期该产品在该市场的市场份额影响。上期市场份额越大对下期的积极影响就越大，上期市场份额越小对下期的消极影响就越大。通过研究发现，当某产品在某市场的市场份额为0%时，那么该产品下期进入该市场时就存在极大的市场进入壁垒，具体表现为，和其他上期已经占有一定市场份额的公司相比，下期两者产品价格相等时需求会相差甚远。0%的市场份额包括两种情况，初次进入和中途退出再进入。当某产品在某个市场的市场份额为100%时，也就是完全垄断，此时在下期，所有再进入的其他公司均面临着市场壁垒，这也是该产品在该市场赚取超额利润的时候。在这两种市场极端情况下，上期的市场份额对下期需求的影响极其巨大。

最后未满足需求转变为对其他公司的需求。这也是比赛中队员们最容易忽视的比赛规则之一。我们放弃的市场必然存在一定量的未满足需求（在不定超高价的情况下），这无疑是为竞争对手作贡献。

鉴于以上三点，从理论上讲我们不应该作出放弃市场的选择，即使当期利润受到一定影响，因为此时减少的少量利润一般远不如市场的延续性重要。但是如果某产品的产量低到极限，如20个，这另当别论。也因此，由于现实资源的限制，如前两期的人机结构不协调，当我们很难生产一定量的某种产品时，也要尽可能地调整，争取使其能满足每个市场均有销售。如意识到下期某产品产量严重不足时，可在上期的部分市场合理提价预留合理库存，以保证下期该产品在该市场即使不供货也仍有销量。

当产量较大可在各市场分散投放产品时，此时要考虑的问题就是如何投放最优。一般而言，产品的投放原则有利润最大原则和市场份额最大原则。

2) 内外综合，合理定价。 简单地说，"最好"的价格是使得"期末产品状况"中"下期订货"和"期末库存"均为零的价格，俗称"双零"。如果"下期订货"不为零，说明有部分利润没能实现，而且为其他公司竞争对手创造了需求；如果"期末库存"不为零，则会因现金回笼不力，造成财务压力，除此之外还要支付库存费用。因驾驭水平有限，无法保证"双零"时，也应在少量库存的情况下，设法保证"下期订货"为零。

一般来说，价格水平最主要受成本费用、市场需求和市场竞争三方面因素的影响，因此定价方法可分为成本导向、需求导向和竞争导向三大类。在比赛中一般是三者并重。关于定价方法，北京工商大学"一休"团队在具体的实战过程中，以三大基本定价理论为基础，结合比赛实际情况，走出传统的定价思维模式，开创了新的定价思路，称其为内部定价法与外部定价法。该定价理论的基本原则是内部定价是基础，外部定价作调整。

内部定价法，首先根据以往比赛的经验，以及对先前比赛历史各期参数的回归分析得到内部定价基本参数（不考虑外部因素影响），包括价格弹性或价格边际效益、广告促销弹性或广告边际效益、等级边际效益、市场自动扩大百分比等。在尽可能自动化的模型中，依据上期需求与本期预计销量的关系，由决策单以及上述各参数自动导出一个市场价格。这个价格是完全参数导向型的，也是一个完全不考虑外部因素的价格，并且对参数的精确度要求较高。往往在供货量或预售量与需求相差不大时，该定价方法比较准确，但是当市场波动较大时，该定价方法则应作一定调整，其调整依据就是外部定价法。

外部定价法，主要是通过分析本公司的需求（或销量或市场份额）与市场平均水平的差距、本公司价格与市场加权均价之间差价的相关关系，并且通过预测下一期本公司的销量、份额及市场均价的变动，导出下期本公司价格与市场均价的关系。同时重点分析参考四类竞争对手（市场份额最大者即市场领导者，市场价格较高者，市场份额与本公司最接近者，市场价格与本公司最接近者）的需求（由市场份额计算出一个估值）与价格的关系，最后对价格进行一定调整。

3) 广告和促销策略得当。广告的直接效益是刺激需求，在供应一定的情况下，更大的需求表现为更高的价格。因此，广告的效益可以看作是价格增量 ΔP 所带来的效益。一般而言，广告总效益与广告金额呈正相关，且具有边际递减的趋势（图 2-10）。净收益最大时的广告金额是最好的。

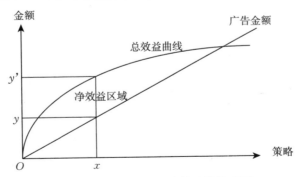

图 2-10 广告金额与其效益的关系图

分析促销所依据的方法与广告相同。此处不再赘述。

应该注意的是，广告对某产品（四个市场）产生效益；促销则对某市场（四个产品）产生效益。另外，不论是广告还是促销，只要策略得当，除了产生直接的经济效益（利润）外，还可能带来较高的市场竞争力。

（5）投资综合规划

1）购置机器。 在模拟竞争环境中，公司获利的唯一源泉是销售产品。所以扩大产能应是我们的首选思路。购置机器开支大、时间长、见效慢。但机器一经投入使用，将长期地带来持续不断的效益，所以必须从战略高度给予重视。从理论上看，投资效益也会出现递减的趋势，应该关注这种趋势并把握投资的度。从实践上看，投资的度实际上是个边际分配问题。除了购置机器、雇佣员工、研发新产品以及升级老产品四种投资之间应有合理的安排以外，投资与筹资、分红、国债等的关系也需要通盘考虑。

无论怎么考虑，购置机器总是最大宗、最长久、影响最深远的投资，需要优先安排。前三期应该在资金允许的情况下大量购买所需要的机器，第四～六期少量补充。但是不能盲目买进，需要根据后期的预算，保障模拟后期企业能够正常运行。同时要考虑人工能否匹配上机器的数量，避免造成资源浪费；也需要考虑市场的容量和竞争对手的情况，大量机器生产的产品是否能够在市场完全销售，如果机器生产的产品因滞销而大量库存，则会影响企业的发展。购置机器属于基础性投资，还需要相当比例的配套投资，如聘用员工、购买原材料等，在现金预算上必须有长远打算。

2）雇佣员工。 聘用员工比购置机器投资小、见效快，但增减幅度都直接受"规则"的限制。原则上说，员工的数量应与机器的数量相协调。但由于两者增长的节奏不同（资金和规则限制了机器和人工的数量，并且机器从购买到使用有时间差），生产产品对人工和机器的需求不同，所以需要从"技术"上进行处理。较为基本的做法是以机器到位期（第三期）平衡为标准，倒推第一、二期的人工安排。后续平衡也可以利用倒推的方式。更为长远的做法是统观整个经营期（第一～八期），力求长期内的平衡。

3）研发新产品和升级老产品。 由于市场竞争从第一期开始逐渐增强，只销售单一的产品肯定是不可行的。研发等级高的新产品有增大需求的作用，但是研发投入会增加成本。研发具有长期效应，其受益期为研发当期及以后各期，越早研发受益期越长，但是研发的效益存在边际递减。

4）现金流控制。 在资金紧张而贷款额度不足时，若由于市场意外滞销导致现金不足，一般可通过调整当期基本生产经营预算予以解决。具体调整手段按企业的损失大小依次为以下五种。

A. 缩减营销费用，这是最迫不得已的行为。一般而言当我们的市场出现销售困难时，理应增加营销费用以缓解降价压力，而此时通过缩减营销费用来缓解现金不足实属无奈之举。实质性缩减营销费用将极大地增加市场把握难度，一般所说的缩减营销费用是指减少原预算计划中的营销费用增加额度。如原计划本期营销费用总额增加 8 万元，但考虑现金不足问题调整为增加 4 万元或不增加营销费用。

B. 压缩生产，也就是减产。这往往是最有效、最直接的手段，减产的基本原则有：①减产最耗原材料的产品；②减产第二班加班生产的产品，因为该班次工资最高，以上两种调整思路均从最有效节约资金的角度考虑；③从市场角度考虑，减产市场中最为滞销的产品，相对缓解市场压力；④从尽可能减少利润损失角度考虑，减产单位机时边际贡献最低的产品；⑤各产品均衡减产。

C. 调整生产结构，如调减最耗原材料的产品。一般在短缺少量资金时，该调整是极其有效的，省 10 万元原材料即可节约 20 万元资金。关于如何判断哪种产品最耗原材料，不是简单地看哪种单位产品所需的原材料量最大，而是根据各单位产品的原材料机时比，也就是单位机时所耗原材料，该指标最高的产品最耗原材料。

D. 降低工资系数。不少参赛队员认为，当期生产经营资金不足时，如适当调整产品结构仍解决不了现金不足问题，则首先应考虑降低工资系数。我们认为这是比较感性的认识，工资系数的效益不应由直觉来感知，或许工资系数从 1.38 降到 1.3 是合理的，但若资金仍然不足呢？继续降到 1 吗？这种做法显然过于随意。工资系数的大幅降低，在节省大量资金的同时，会大幅增加废品率，假如根本不生产这些废品又会节约多少资源呢？因此选择减产还是降低工资系数需要数据分析来权衡。即使降低工资系数，降到哪个位置较为合理也是需要考虑的问题。

E. 增加非系统要求的工厂库存，这是常被人们忽略的资金节约手段。现金不足，必然是由于市场的意外滞销所致，既然市场存在大量库存，这期适当增加 5%～10% 的工厂库存又何妨？即把市场库存的一部分转移到下期再去销售，这可避免本期市场的供销过分不平衡以及维持近几期市场销量的平稳，有利于市场定价。该手段一般应用在市场库存量过大的情况下，且该手段通常只能解决较少量的资金问题。

一般在比赛中，面对切实的资金问题时，往往是综合以上手段进行调整，而非完全依赖某一种手段。故在企业规划中，应留有一定预算弹性空间，至于弹性空间具体多大，应视各公司的市场、财务把握能力而定。

5）分红。 在企业尽可能地扩张规模时，我们具备分红能力的期数只有第一期与最后两三期。

首期分红策略应结合自身战略，如采取先发制人的策略那么可以考虑首期分红，因为此时我们前两期利润足够高，资金相对比较宽裕；而厚积薄发策略由于前期投入过多，资金相对更为紧张，则不必太在乎第一期的分红。并且首期分红造成的中前期分数差距，属于一种心理博弈。

后期分红应结合企业自身的实际情况，在能够准确计算标准差的前提下，可以比较合理地分红，但这往往又存在对加赛与否的博弈。最后一期或两期尽可能分红的一个重要前提是保证本期末现金不小于 Max（期初现金，本期费用），如果保证不了这个前提则可以考虑使用债券补足现金。

后期分红一般有三种表现形式：一是从第十四期（"8＋8"模式）或第六期（"9"模式）或更早开始最大分红，基本停止机器扩张；二是第十四期基本不分红，全力采购机器，第十五期仍以采购机器为主，结合情况适当分红或完全不分红，第十六期及加赛期全力分红；三是第十四期以采购机器为主，适当分红，第十五期以分红为主适当采购机器或不采购机器，第十六期及加赛期全力分红。

以上三种分红策略分别适合三种不同类型的企业。第一种企业略显后劲不足，如采取低研发战略，前期领先的企业或中前期存在一定失误的企业，力求在第十六期取得最好成绩，博弈不加赛。第二种企业后劲较足，如前期研发投入较多，但产能未能及时跟上或中前期存在较大失误的企业，只有拼搏加赛才能取得较好成绩。第三种往往是中前期把握较好，领先优势较大，后劲也不乏的企业，该类企业则是力求在加赛或不加赛的情况下均能取得优异成绩。

典型涉农主体战略调研实践

3.1 战略调研概述

3.1.1 战略调研目的

企业战略管理课程通过讲授战略认知、分析、制定及实施控制的理论知识，旨在培养学生熟练运用战略管理理论并解决企业战略问题的能力。要实现从知识到能力的转化，对本科生而言，战略调研是现实企业战略决策约束下的最佳实践方式。

通过战略调研实践，结合行业特殊性了解宏观环境中的关键因素及变化趋势，可以把握所在行业发展现状，摸清行业发展脉络，全面了解目标企业的内部经营状况。学生运用战略管理理论分析、解决企业战略问题，不仅顺利实现理论知识服务实践的目标，还训练、培养了学生对企业一般战略问题的洞察、判断、谋划决策和执行的思维与能力。

3.1.2 战略调研流程及方法

战略调研遵循经典战略分析到战略制定或选择，再到战略实施与控制的基本逻辑，调研数据资料收集主要集中在战略环境分析上，按照由外及内再内外综合的一般逻辑，整体调研流程一般包括三部分。

（1）外部环境调研

外部环境调研实质是进行目标企业外部战略环境分析，调研方法主要是网上资料收集和专家访谈法。

1）宏观环境调研。运用 PEST 分析方法从政策法律法规环境、经济环境、社会文化环境、技术环境等方面进行宏观环境调研，重点在于契合行业的特殊性、把握影响产业发展的关键因素及变化趋势，目的是选取一个问题来研究，我们要证明它对本企业而言为什么是一个问题。

2）产业环境调研。产业环境调研是基于企业视角分析行业，找寻影响行业盈利能力的关键因素，目的在于通过把握产业结构，明确本企业在产业或行业中的竞争地位，了解影响公司潜在盈利能力的要素和条件。产业环境调研应首先查询《国民经济行业分类》，了解调研企业所在行业的基本特性和在国民经济中的地位；再结合行业生命周期分析把握行业总体的发展状况。调研重点是运用五力模型，从行业内现有竞争者之间的竞争、潜在进入者的威胁、替代品的威胁、供应商的议价能力、购买商的议价能力五个方面，调查企业所处行业或产业的产业状况、供需状况和竞争状况。运用五力模型，结合理论中影响各种力量的关键因素分析行业的竞争结构，辨析这些因素对行业盈利能力的影响，判断行业的吸引力。

3）竞争对手调研。结合行业内现有竞争者分析，大型企业集团（主要是上市公司）运用战略群组模型结合访谈，中小企业通过访谈和行业状况了解，找寻与企业自身战略定位相同或类似、对自身战略产生重大或直接影响的竞争者，将它们界定为企业的主要竞争对手。确定3～5个主要竞争对手后，我们可以运用竞争对手分析框架，分析竞争对手未来的目标、假设、能力、当前战略及反应模式，判断竞争对手对企业的竞争强度和主要竞争方向。

（2）内部状况调研

企业内部状况调研实质是对企业资源和能力、结构及文化的分析，目的在于了解企业自身，最终重点把握企业对内部资源的控制和利用状况。主要调研方法是实地调研访谈，一般需要对企业高层、中层、基层进行访谈。如果是大中型企业可以先登录企业官网和找寻相关新闻报道等进行资料收集，了解把握企业的基本情况，再深入企业内部实地访谈。

1）资源和能力调研。根据企业资源和能力分析逻辑，首先应从企业资源现状调研出发，结合资源分类列提纲收集、判定企业资源状况；进一步访谈把握企业资源的利用状况，结合企业主体运营活动分析企业运营能力。

2）企业结构调研。调研内容包括了解企业法人治理结构、组织机构的设置及权责利的分配、人财物等的流动规律等。

3）企业文化调研。调研新成员在企业内部同化的过程与内容，并结合企业对重大事件的反应分析企业文化形成历史。重点是文化创造者或推行者调研，需要访谈了解由他们影响和推动形成的企业信念、价值观及行为。对企业文化的把握可以与组织成员共同分析。

（3）调研成果分析

结合企业内外部环境调研成果，在运用SWOT分析法进行综合形势分析的基础上形成一份调研报告。

1）综合形势分析。

A. 机会与威胁。基于企业自身视角，结合外部环境调研分析判断企业未来发展面临的机会、威胁及主要的竞争对手。

B. 优势与劣势。结合行业和历史发展状况，分析内部环境调研成果，判定企业发展的优势和劣势。

C. 初步判断企业存在的问题。结合企业面临的综合形势，判断战略问题。只有影响企业的生存和发展，且能够找到方向解决的问题，才是企业面临的战略问题。

D. 提出解决问题的初步建议。遵循企业战略包括公司层、经营层、职能层三层次的基本逻辑，基于环境分析选择各层次战略为企业解决面临的战略问题，并具体化战略实施的任务。

2）调研成果报告包括序言、正文和附录三部分。

A. 序言。调研的目的、计划、过程、参加部门和人员、调研过程中遇到的困难等。

B. 正文。摘要、外部环境、内部状况、综合形势分析等。

C. 附录。图表、原始数据、运算公式等。

3.2 生猪育种公司战略调研

3.2.1 生猪育种公司背景知识

（1）生猪育种行业基本概况

育种是养猪行业的发动机，只有不断提高育种工作，才能满足世界对肉品的需求。种猪质量和数量直接影响生猪出栏量，而我国生猪育种却是业界之痛。中国生猪饲养量占世界总量的一半，猪种资源占全球总数的 1/3，但是，我国商品猪 80％以上来自国外品种。李宁院士调研发现，我国畜禽养殖对进口品种依赖性居高不下，约 80％的种猪、70％的蛋鸡和 85％的奶牛品种都依赖进口。我国商品猪种源的确主要来自国外，但近年国内已经构建了完整的商品猪种猪繁育体系，核心种群已基本可以实现自给。

我国的育种技术水平与国外先进水平还存在差距，瘦肉型猪系统育种比国外晚了至少 50 年，商业化育种体系还不健全，种猪生长速度、繁殖力等指标与国外先进水平存在一定差距。目前我国的育种进展与国外的育种进展还没有同步，比如国外现在每年生猪育种进展为 1％，我们的进展可能只有 0.6％，如果想赶超国外，或成为育种强国，首先需要同步或超过国外的育种效率，然后才能逐步缩小差距。

目前，国际上生猪的育种体系主要包括三类：一是以美国的国家种猪登记中心（National Swine Registry，NSR）、加拿大的遗传改良中心（Canadian Centre for Swine Improvement，CCSI）为代表的小公司联合育种体系；二是以丹麦的丹育（DanBred）等为代表的由政府育种项目介入的国家育种体系；三是以英国的皮埃西（Pig Improvement Corporation，PIC）等为代表的专业育种公司。这些大的种猪育种组织或者跨国公司建立了完善的育种技术体系，持续开展性能测定，专注新技术的研发和投入，建立了自己的研究院，形成了研发、生产、销售一条龙服务的模式，具备极强的国际竞争力。国际上知名的生猪育种企业与集团包括英国的皮埃西、荷兰的海波尔和托佩克、丹麦的丹育、比利时的斯格遗传技术公司、美国的美佳育种集团、加拿大的加裕遗传公司等。

（2）国内生猪育种组织体系

自 21 世纪以来，我国虽先后遴选了 100 来家国家生猪核心育种场，成立了联合育种协作组（图 3-1），实施了全国性种猪遗传评估，但国内生猪育种企业仍存在"小而散"的现状。很多猪场拥有 600～1 000 头母猪规模后，就开始做育种，申请种猪场，但实际上这类种猪场并没有开展多少育种工作。全国大大小小的生猪育种企业有几千家，仅湖南这一中部生猪大省从事生猪育种的企业就超过 100 家，但至今没有一个生猪育种龙头企业。目前，国际育种企

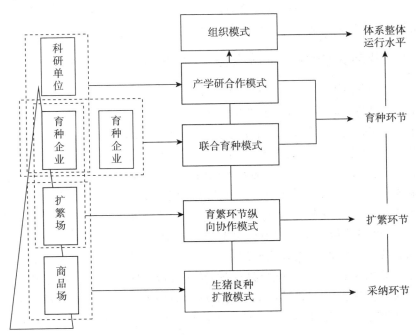

图 3-1　中国生猪良种繁育体系组织模式图

资料来源：季柯辛，中国生猪良种繁育体系组织模式研究，中国农业大学博士学位论文，2017 年。

业已经通过独资、合资及合作的投资形式进入中国。皮埃西、海波尔、丹育及托佩克等一些大型育种公司通过直接投资进入中国，并组建中国团队进行本地化及种猪推广；作为最常用的手段，合资与合作进入中国的国外育种企业则更多。外国育种公司拥有更好的育种技术，部分种猪养殖场仍须定期进口外来品种以维持其种猪质量。然而，中国拥有全世界最庞大的猪只基因库，若干本地育种公司已着手培育本土品种。

（3）生猪育种行业产品与市场

一般生猪育种公司出售种猪。目前我国绝大多数育种公司属于大型农牧集团，选育的种猪在供应公司生猪商品化经营的基础上对外出售，专门从事种猪选育并只出售种猪的公司寥寥无几。种猪价格因性别及世代而有所差异，祖代猪只一般为纯种，而父母代猪只通常为二元种猪。因此，祖代猪只的价格通常高于父母代猪只的价格。公猪通常为种猪中价格最高者，其一般为纯种且按绩效指标精挑细选，公种猪除了以高价直接出售外，还可以种猪精液方式出售。

近年来，我国种猪行业市场波动比较明显，种猪市场随高昂的猪只价格在2016年达到历史高峰，其后开始直至2019年均呈下滑态势。2020年因全国各地对猪肉的需求上升，市场规模大幅增长，达952亿元。2022年在2021年市场规模触底的情况下有所反弹，大型种猪公司纷纷采取措施争取更大的市场份额。

3.2.2 湖南天心种业股份有限公司战略调研实践指引[①]

（1）公司概况

1）公司简介。湖南天心种业股份有限公司（以下简称"天心种业"）是省属国有企业湖南省现代农业产业控股集团有限公司的子公司，前身为长沙种猪场，成立于1977年，是国内最早的规模化、集约化的专业育种公司，国内大型种猪生产企业之一。公司是国家生猪核心育种场，国家生猪产业体系长沙综合试验站站长单位，全国猪联合育种协作组成员单位，中国畜牧业协会猪业分会理事单位，农业农村部动物疫病净化示范场，湖南省养猪协会会长单位。"天心"牌种猪获得中国畜牧业协会授予的"中国品牌猪"称号。

随着我国生猪产业进入调整的新时期，天心种业将继续通过技术创新实现生产性能业内领先，通过管理与机制创新实现成本领先，通过商业模式创新取得产业规模快速扩大，通过资本市场实现价值最大化，致力于发展成为一家专业化、规模化、具备可持续发展能力的国内一流的种猪供应商和领先养殖模式服务商。

---

① 资料来源：湖南天心种业股份有限公司官网和高管访谈。

展望明天，天心种业将继续奋发图强，专注于"天心有种，湘猪有精"的双轨战略，坚持培育高质量种猪、拓展高端市场、服务高端客户的"三高定位"，成为行业内一张亮丽的名片，打造生猪育种"中国芯"。

2）公司发展历程。1977年，由长沙市畜牧局批准，长沙种猪场成立。1988年，长沙种猪场并入湖南省天心实业集团公司，成为全国五大菜篮子工程之一。1999年，与湖南天心饲料总厂合并，湖南天心牧业有限公司成立。2005年，湖南天心牧业原种猪场成立。2008年，湖南天心牧业济源分公司成立，在企业改制的基础上，公司更名为湖南天心种业有限公司。2002—2015年，天心种业在全国特别是湖南各地，如湘潭、永州、攸县、临澧等成立了一系列分公司。2016年，公司进行股改，整体变更为湖南天心种业股份有限公司。2017年，天心股票通过全国中小企业股份转让系统挂牌上市。2018年，湖南天心种业原种猪场成立。2019年至今，天心种业在湖南以每年成立4~6家分公司的态势扩张，正朝种业"区域领先，湖南第一"的目标奋进。

目前的公司架构如图3-2。

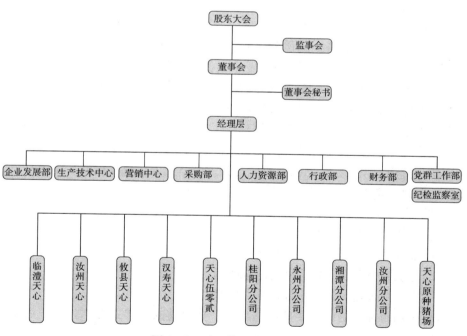

图3-2　天心种业公司架构图

3）公司战略定位。公司遵循"快乐养猪、绿色发展"的理念，目前清晰的定位为区域领先的生猪运营商。公司实施精品种猪战略，战略目标是区域领先，湖南第一。主要板块有常德、株洲、岳阳等。公司整合政府资源、技术资源和市场资源，推行领先的养殖模式与发展模式，包括两点式模式、母猪集约化饲养模式、育肥标准化模式、轻资产生态化发展模式等。

4）公司人才理念。公司现有员工 600 余人，拥有一批种猪选育、饲养管理、动物营养、疾病控制、市场营销、投资融资等方面的专业技术人才和管理人才，并常年聘请国内知名育种专家李加琪教授、陈斌教授、何俊教授等担任技术顾问。

公司坚持以人为企，人企共进。公司尊重人才，重视人才，构建合理人才结构；建立完善的识人、育人、用人、留人的人才管理制度；不断地发掘人、提高人、培养人，调整优化他们的位置，使每一个人都能在合适的岗位上才尽其用，有所成长。在公司的理念中，人才是企业得以生存并不断发展壮大最根本的保障力量，是企业长远发展的核心竞争资源；人才是具有相应岗位素质，愿意为企业发展尽心尽力，能够持续创新、与时俱进、不断学习和完善自我的人；人才是有层次之分的，这种层次的差别表现在个人品格、工作能力、文化素养、进取精神、工作经验、年龄等方面，不同层次的人才适合不同的岗位。

5）公司产品与服务。公司主要生产新美系杜洛克、长白、大约克原种种猪以及长大二元母猪，在全国拥有五家高标准的原种猪场及十多家一级扩繁场，分（子）公司遍布湖南省，分设在常德、株洲、益阳、郴州、岳阳等地，并以湖南省为核心向周边辐射，目前产业布局已扩张到湖北、河南等省，呈现出飞速扩张的态势。公司存栏基础母猪 30 000 多头，年产能达 1 500 000 头，其中种猪 20 万头。核心群从美国引进，经过多年的潜心选育，种猪具有生长速度快、抗病力强、产仔数高、泌乳力强、肢体强健、料肉比低、瘦肉率高等特点。种猪畅销全国 20 多个省份，深受广大养殖朋友的好评。

（2）高层访谈提纲

1）公司使命和战略目标。

A. 您认为打造生猪育种"中国芯"对公司内部员工有激励和凝聚作用吗？

B. 您认为公司在生猪育种行业承担的责任是什么？

C. 您认为公司的核心价值体现在哪里？

D. 公司目前面临的主要威胁是什么？按目前的发展进度，公司正处于什么阶段呢？

E. 目前行业中有哪些利好机会？

F. 公司未来几年重点将向哪方面发展？

G. 公司现在重要的合作伙伴有哪些？

2) 市场竞争认知。

A. 公司向客户提供了什么产品和服务的组合？

B. 公司的市场主要在哪里？在市场上的地位如何？

C. 公司定位的高端市场客户群体是哪些？公司帮忙解决客户面临的哪几个（最好不超过三个）主要问题？

D. 公司通过哪些方式让客户感知我们的种猪质量和高端服务？

E. 公司主要的竞争对手是谁？公司跟竞争对手比，哪些方面具有优势？

F. 在生猪育种行业中，要成为"中国芯"目前公司还欠缺的是什么？

3) 公司内部管理。

A. 公司内部设置了哪些部门？您认为公司的部门设置是否有助于实现战略目标？

B. 您认为公司最核心或最具优势的资源或资产是什么（例如种猪资源库、核心选育种技术、高质量技术人员等，选择不超过三个）？公司有什么方法或手段对其进一步优化和提升？

C. 目前公司生产经营活动中哪方面成效最突出？

D. 您对公司发展过程中的哪些重大事件印象深刻？请列举。

E. 谈谈公司创始人或您认为公司发展中带领公司创造辉煌的领导者。

4) 访谈记录模板。

访谈记录模板见表 3-1。

表 3-1　访谈记录模版

时间		被访谈人	
被访谈人部门		职务	
被访谈人联系方式			
访谈人		记录人	

主要内容：

问：

答：

问：

答：

主要观点总结：

(3) 员工问卷调查（结合高层访谈内容制定问卷）

1）调研说明。

尊敬的××公司员工：

您好！我们是××学校工商管理专业的学生。我们正在进行企业战略管理课程战略调研实践活动，选取了在行业中声誉良好、社会责任感强的贵公司进行战略调研，期望与你们一起分析公司的发展战略，为公司清晰把握内外状况、迎接未来挑战而努力。此次问卷调查的目的是了解公司的客观情况，员工对公司发展的评价，以及一些改进的需求。您的见解和看法对我们的帮助很大，或许也有助于公司的未来发展。问卷匿名填写，我们将对您的问卷严格保密，绝不泄露公司机密，只在课程学习范围内使用数据、撰写实践报告，若公司有需求，我们将毫无保留地提供调研结果。请您认真填写问卷，感谢您的积极参与和支持。

　　　　　　　　　　　　　　　　　　　　××××年×月

　　　　　　　　　　　　　　　　　　　　××大学商学院

2）问卷内容。

1. 您了解公司现在的战略目标吗？

□非常了解　□一般　□不太了解　□完全不知道（原因：_____ ）

请简单描述你知道的公司战略：_____

2. 您认为是否有必要让公司的每位员工都充分了解公司的战略？

□非常必要　□无所谓　□没有必要　□不知道

3. 以下问题结合资料查询和高层访谈调整选项。

（1）您认为公司的优势是什么？（可多选，限选三项）

□技术领先　　　　　　　□市场前景好

□领导者高瞻远瞩　　　　□品牌知名度高

□良好的政府关系　　　　□高素质的人才

□优良的传统和企业凝聚力　□其他：_____

（2）您认为公司过去几年获得发展的主要原因是什么？（限选三项并按重要性排序，在选中选项后的括号中标出序号）

□目标清晰（　　）

□管理到位（　　）

□市场开拓有成效（　　）

□有关键性人才（　　　）

□领导班子深谋远虑，领导与员工共同奋斗（　　　）

□技术创新或改造，产品质量提升（　　　）

□其他（　　　）：＿＿＿＿＿＿＿＿＿＿＿＿＿＿

（3）您认为公司的未来发展方向应该是？

□专注生猪育种业，扩大规模，不断降低成本，成为行业领导者

□专注生猪育种业，不断创新，生产高质量产品

□进入与生猪育种业相关的其他产业

□根据发展形势，什么赚钱做什么

□如果不同意以上看法，您的看法是：＿＿＿＿＿＿＿＿＿＿

（4）您认为公司的风险可能来自哪些方面？（可多选并按重要性排序，在选中选项后的括号中标出序号）

□育种技术水平被其他育种公司赶上，失去技术优势（　　　）

□关键技术人员流失，技术队伍力量变弱（　　　）

□种猪生产能力不足，无法满足市场需求（　　　）

□市场开发不力，销路不畅（　　　）

□产品品种有限，新品种繁育不能及时跟上（　　　）

□分配制度不合理（　　　）

□公司内部权利关系复杂，影响战略实施（　　　）

□领导班子改革力度不够（　　　）

□产品质量不过关（　　　）

□资金紧缺，财务风险大（　　　）

□内部没有竞争机制（　　　）

□其他（　　　）：＿＿＿＿＿＿＿＿＿＿＿＿＿＿

（5）吸引您进入公司的原因主要是？（可多选并按重要性排序，在选中选项后的括号中标出序号）

□公司氛围好（　　　）

□公司待遇好（　　　）

□公司前景好（　　　）

□主要领导者很有魄力（　　　）

□其他（　　　）：＿＿＿＿＿＿＿＿＿＿＿＿＿＿

（6）进入公司后，您最认可公司的哪些方面？（可多选并按重要性排序，在选中选项后的括号中标出序号）

☐公司做事坚守底线（　　　）

☐公司对员工包容（　　　）

☐公司发展目标清晰（　　　）

☐主要领导者能力很强（　　　）

☐所在部门工作氛围好（　　　）

☐其他（　　　）：＿＿＿＿＿＿＿＿＿＿＿

4. 对公司未来发展，您：

☐充满信心　　☐认为有一定的难度　　☐认为有很大的挑战　　☐没有信心

5. 请问您对我们的调研有什么期望和要求？

＿＿＿＿＿＿＿＿＿＿＿＿＿＿＿＿＿＿＿＿

（4）实践任务及要求

阅读背景资料，遵循调研程序和方法，应用访谈提纲和调查问卷，对湖南天心种业股份有限公司开展战略调研，形成战略调研报告。

结合文字资料和调研实践，在评价的基础上，完善或优化公司发展战略。

结合实践评价访谈提纲和调查问卷，提出完善和优化建议。

课中和课后灵活安排，4周内完成实践调研。

（5）实践组织方法及步骤

首先，组建调研团队，每组5～7人。

其次，广泛搜集信息资料，完成对生猪育种公司外部环境扫描和评估，尽量准确把握影响生猪育种行业发展的关键因素；结合新闻资讯等先从外围了解公司概况，确定访谈和问卷发放对象。

接着，安排调研计划并开展调研。小组内确定访谈和问卷调查分工，先确定公共联系人，再确定访谈人、记录人和问卷发放人，最后确定调研次数和时间，开展调研实践。

然后，整理、总结、归纳调研资料，完成并提交调研报告。

最后，展示、汇报，根据调研报告制作PPT展示和汇报，并回答其他小组的问题，进行答辩。

3.3　家庭农场战略调研

3.3.1　家庭农场背景知识

家庭农场是源于欧美的舶来词，在中国类似于种养大户的升级版。中国实行家庭承包经营后，有的农户向集体承包较多土地，实行规模经营，早期也被称为家庭农场，即以家庭成员为主要劳动力，从事农业规模化、集约化、商品化生产经营，并以农业收入为家庭主要收入来源的新型农业经营主体。尽管家庭农场至今尚无统一定义，但其通常具备"家庭经营、规模适度、一业为主、集约生产"的特征。2008 年十七届三中全会通过的《中共中央关于推进农村改革发展若干重大问题的决定》第一次将家庭农场作为农业规模经营主体之一提出。随后，2013 年中央 1 号文件四次提到家庭农场，要求新增农业补贴向专业大户、家庭农场、农民合作社等新型生产经营主体倾斜，为家庭农场等创造良好的政策和法律环境，加大家庭农场经营者培训力度。为了贯彻该文件要求并更好落实十八届三中全会提到的"坚持家庭经营在农业中的基础性地位"精神，2014 年 2 月农业部印发《关于促进家庭农场发展的指导意见》，从家庭农场的发展意义、基本特征、管理服务制度和相关扶持政策等十个方面提出指导性意见。各地相继出台家庭农场的认定和扶持政策。从此，家庭农场进入快速发展阶段。2017 年 10 月，党的十九大报告明确提出实施乡村振兴战略，推动了家庭农场快速成长。2019 年年初，中共中央、国务院启动"家庭农场培育计划"，鼓励有长期稳定务农意愿的小农户稳步扩大规模，培育一批规模适度、生产集约、管理先进、效益明显的农户家庭农场。2022 年年初，中央 1 号文件提出全面推进乡村振兴以后，地方政府不断创新扶持政策，促进家庭农场高质量发展。

家庭农场以谷物、蔬菜、水果、园艺作物或其他农作物种植以及水产养殖为主要经营项目，可以种养结合或兼营相应的农场休闲观光服务。目前，家庭农场的主要经营模式包括三种。第一种"公司＋农户"模式，这种模式的主要特点是公司开发、农户参与，公司与农户合作经营与管理。它通过吸纳社区农户参与乡村旅游的开发，充分利用社区农户闲置的资产、富余的劳动力、丰富的农事活动，增加了农户的收入，丰富了旅游活动，向游客展示了真实的乡村文化。它是在发展乡村经济的实践中，由高科技种植业和养殖业推出的经营模式，因其充分地考虑了农户利益，在社区全方位的参与中带动了乡村经济的发展。同时，旅游公司的管理模式规范了农户的接待服务，避免不良竞争损害游客的利益。这种模式的形成通常是公司买断农户的土地经营权，通过分红的形式让农户受益。第二种"农户＋农户"模式，这种模式是由农户带动农户，农户之间自由组合，共同参与乡村旅游的开发经营。在远离市场的乡村，农民对企业介入乡村旅游开发有一定的顾虑，一些农户不愿把资金或土地交给公司来经营，他们更信任那些"示范户"。在这些乡村里，通常是少数人首先开发乡村旅游并获得了成功，在短暂的磨合后，就形成了"农户＋农户"的乡村旅游开发模式，在他们的示范带动下，农户们纷纷加入旅游接待的行列，并从示范户那里学习经验和技术。这种模式通常投入较少，接待量有限，但乡村文化保留最真实，游客花费少还能体验真实的本地习俗和文化，是颇受欢迎的乡村旅游形式。这也是一种初级的早期模式，只是通过农户间的合作，就可以达到资源共享的目的。第三种个体农户经营模式，在全国各地迅速发展的"农家乐"就是这一经营模式的典型代表。这种模式通常呈现规模小、功能单一、产品初级等特点。它通过个体农庄的发展，吸纳附近劳动力，将手工艺、表演、服务、生产等形式加入服务业中，形成以点带面的发展模式。个体农户经营模式是一种简单和初级的模式，它主要以农民为经营主体，农民对自己经营的农牧果场进行改造和旅游项目建设，使之成为一个完整意义上的旅游景区（景点），完成旅游接待和服务工作。旅游个体户自身的发展带动了同村附近的农民参与乡村旅游的开发。

从现实角度看，家庭农场是最契合经济社会发展阶段的经营主体，成为引领适度规模经营、发展现代农业的有生力量。家庭农场的发展并非是对小农户的简单替代，与传统小农户相比，其经营特征和目标发生了更加倾向于市场经济主体的显著变化。在众多农业生产经营主体中，家庭农场是能兼顾家庭经营、集约生产和高效合作的新型经营主体。一方面，相比普通农户来说，家庭农场在保留家庭经营内核的基础上，适度拓展了经营规模，因此不但获得了规模扩大带来的直接好处，还因规模扩大内生出更真实、更强烈的合作需求，从而获得合作带来的间接好处；另一方面，相比土地合作社来说，家庭农场尽管可能有规模劣势，但其不需面对一直困扰农业生产的劳动力监督问题，更不必通过搭建额外的理事会等治理机制来维系合作关系以获得合作效益，而且随着适度规模经营的家庭农场增多，它们之间以及它们与其他经营主体之间必将联合成更具活力的升级版合作社，从而获得高效合作效益。

在今后相当长时期内，家庭农场将是带动小农户与现代农业发展有效衔接的新载体，能兼顾效率与公平目标、更好落实粮食安全和全面建成社会主义现代化强国战略目标。2022年，全国家庭农场超过300万家，辐射带动全国近一半农户，但总体上大多数家庭农场还处于起步阶段，仍面临诸多困境。首先，土地流转不规范，难以获得相对稳定的租地规模，面对农户承包地较为细碎的现状，要实现土地规模经营，最大的困难就是租到成方成片的耕地，并确保租期较长、相对稳定。但由于中国农村部分土地产权模糊和农民的惜地意识，许多农户不愿长期出租土地，致使部分家庭农场难以稳定地保持足够的土地经营规模。其次，一些家庭农场难以得到相应的扶持政策，缺乏更新设备和改善农田基础设施的资金投入。一些农民流转了大量土地经营家庭农场，但是受没有进行土地整理的限制，地被分成若干小块，遇上机耕道，必须自己扛着小型农机到另一块田里去。昂贵的租金占用了大量流动资金，搞土地整理自己又无财力完成。再次，融资难也是制约家庭农场发展的一大障碍。家庭农场在生产经营过程中普遍存在融资难现象，农民很少有可以抵押的资产，靠少量贷款根本解决不了问题。最后，家庭农场经营主体人员的市场意识不强，经营管理水平参差不齐。

3.3.2　衡阳县西渡镇富乐家庭农场创业战略调研实践指引

（1）农场发展概况

1）农场简介。衡阳县西渡镇富乐家庭农场创办于 2013 年，是一家集立体种养、休闲观光于一体的科技化、现代化家庭农场。它秉持科技兴农的理念，主营优质水稻、特色水果与鱼类，与湖南农大、隆平高科、角山米业集团进行长期科研合作，大力开发新品种，应用机插、测土配方施肥、微肥调节等新技术，全面推进从育秧、耕田、插秧、收割、粮食转运到烘干的全程机械化，实行生态立体循环种养，努力实现粮满仓、鸡满笼、鱼满塘、果满园的目标。

2）农场创业历程。

A. 逆流而行，返乡创业。刘准，衡阳县西渡镇富乐家庭农场（以下简称"富乐农场"）创始人，他出身于农民家庭，1997 年中专毕业后加入了南下淘金的队伍，凭借着自身的聪明与勤奋赚到了人生的第一桶金。在广州打拼的这几年，刘准一直经营着鞋业超市，积累了丰富的管理经验。空闲时他喜欢看新闻，特别是凤凰卫视。早在 2004 年，当看到河南、安徽等地的农民从事规模种植的成功故事时，刘准就萌生了返乡种田的想法。直到 2009 年，在金融危机的重创下，刘准的鞋业超市也每况愈下。但此时，国家加大了农业方面的政策支持力度，这让身处经营困境的他看到了一丝曙光，一个致富梦在刘准脑海中浮现。

有些人安于现状，止于眼前的成就；但刘准却偏偏爱折腾，而且做事雷厉风行，坚信自己能成为冲出重围的黑马。于是，他不顾妻子及亲朋好友的反对，带着积攒下来的百万资金，回到了家乡准备创业。回来后他做的第一件事，就是克服重重困难从他所在的刘老屋组以每亩 150 元的租金从村民手中租下了 800 亩良田，播种中稻和双季晚稻各 400 亩。

一年下来，农场喜获丰收，共收获粮食 600 多吨，获纯利 20 余万元。很快，他不仅添置了一些农用机械，而且还买了一台小车。如此一来，那些原本不看好他的村民也对他刮目相看。返乡创业之初，刘准听到了很多流言蜚语，但经过自己的努力，他终于颠覆了村民心中农业无用论的思想，梅花村种田无利的历史从此终结。

旗开得胜增添了刘准的信心，于是他决定破釜沉舟，说服妻子将广州的鞋业超市盘出去，彻底断绝自己的退路，铁心甩开膀子大干一场，当一名种粮专业大户。2010年，他又流转稻田1 600亩，总面积达到2 400亩，全部种上了双季稻。由于他的规模租地助涨了稻田租金，稻田租金每亩上涨了50～150元，优质稻田的租金达到了每亩300～400元。

B. 万事开头难，只怕有心人。巧妇难为无米之炊，虽然刘准在广州积累了一定的创业启动资金，但在巨大的农业投入面前依旧略显单薄。然而，他在困难面前却能另辟蹊径，不仅带领村民成立了富农优质稻种植专业合作社，而且和种田能手们一起成立了优质稻产业协会。刘准利用这两大平台获取了很多资源，比如，通过优质稻产业协会，农场与银行签订战略性协议，采取三户联保的形式，不仅每户可借到50万元，而且可灵活存储资金，这一创新性举措基本上缓解了农场面临的资金不足问题。

2011年，天公不作美，一场突如其来的干旱犹如一盆凉水浇在了意气风发的刘准身上。由于对水稻种植的节点知识（在梅花村，晚稻最晚到9月20日必须要齐穗，否则待寒露风一来，晚稻就会颗粒无收）有所欠缺，加上管理不善，部分晚稻颗粒无收，富乐农场全年仅收获粮食1 100多吨，净亏损80余万元，这次亏损使刘准的心情跌至谷底，陷入进退两难的局面。

此时，县委、县农业局及镇委领导知悉情况后，纷纷向他伸出了热情的双手，想方设法给予了他在资金、技术等方面的扶持。如此一来，刘准重拾了信心。2012年，刘准将租来的4 200亩地全部播种双季稻。尽管寒露风对晚稻生产造成了不良影响，但全年还是收获了3 400多吨粮食，纯收入达50万元。当年，刘准被国务院授予"全国种粮售粮大户"称号，还获得一台价值10余万元的拖拉机奖励。

2013年，富乐农场经营规模扩大，涉及陡岭、梅花、青木、咸中、槐花、英陂等10多个村，随后富乐农场正式注册登记。信心满满的刘准，步子迈得更大，农场基本采取机械化生产、规模化经营等手段，走上了现代农业发展之路。当年，农场粮食种植面积达到9 219亩，实种早稻4 200亩，晚稻5 019亩，双季稻覆盖率100%；平均亩产490.3千克，其中早稻亩产和晚稻亩产分别比全县平均单产增产12.7%和16.9%，全年粮食总产4 520吨，纯收入达150万元。

刘准一直打算做休闲农业。于是，2014年，农场开始种植桃、枇杷、无花果、西瓜、葡萄和梨子各5亩，2015年和2016年，每种品种又分别增加10亩左右。2016年年底，农场开始鼓励村民参与种植，并许诺帮助村民解决资金、技术和市场问题，譬如，每位参与种植的村民可借5万～10万元，由村里审核签字，到银行贷款；农场与湖南农大、衡阳市农科所、湖南省农科院进行技术对接，邀请专家到田间地头进行培训与指导。此后，农场每年都有新鲜水果出产，消费者还可到休闲农庄采摘、娱乐和吃饭，并把水果带回家。

在梅花村，每家每户都有自己的山地和鱼塘，但是村里的大部分年轻人却不愿过这种"面朝黄土背朝天"的农民生活，导致大量的鱼塘闲置，长期以来都无人问津。2014 年，刘准承包了村里的两口大鱼塘，占地面积达 100 多亩，主要投放四大家鱼，收获却不尽如人意。通过大量阅读和收集关于养鱼的市场信息，刘准终于发现了一种兼具产量和市场前景的特色鳜鱼。养鱼是一件极需耐心的活儿。为了养出绿色、无污染的鳜鱼，富乐农场所有的鱼饲料都是天然的青草和自制的饲料。为了保证鱼塘的产量，刘准请来经验丰富的养鱼专家进行指导，采用活水养鱼技术，在鱼塘中建立浮床，在浮床中种植美人蕉、狐尾藻、纸莎草等水生植物，吸收水中的氮、磷、有机物，降低水中的化学需氧量（COD），既可显著改善水质，又能灌溉农田。如此一来，富乐农场的鳜鱼就更加鲜活，成了农场别具一格的"新名片"。

在创业初步成功之后，刘准没有忘记村民，先后捐款 10 多万元，并决心带领大家走上发家致富之路。然而，生产成本偏高、农忙季节的"用工荒"却成为眼下的绊脚石。为此，2010 年 4 月，刘准牵头成立了衡阳梅花农业机械服务专业合作社，筹措 100 万元资金，先后购置了各类机械设备共 48 台（套），并加强了专业队伍建设。同年 11 月，他带头组建了富农优质稻种植专业合作社，对入社农户的耕种实行统一品种布局、统一购置农业投入品、统一机耕、统一病虫害防治、统一协调前期投入资金、统一质量安全标准。"六统一"为种粮农户每亩节约成本 80～100 元，几年下来，累计节约成本达 200 万元以上。

刘准不仅心系全村的发展，而且还十分体恤身边的员工。例如，2010 年，他了解到帮他打工的邻村村民杨文东也想搞规模种植，只是苦于资金和技术等问题而犹豫不决。刘准便主动与他谈心，为其筹措了 5 万元资金，并帮他解决技术等难题。当年，杨文东租地 80 亩，全部播种双季稻，净收入达 8 万元。尝到甜头的杨文东，不断扩大种植规模，2013 年租地 200 亩，2014 年增加到400 亩，获得了更好的收成。目睹杨文东的成功，身边的雇工都跃跃欲试，刘准毫不含糊，在 2013 年年底主动让出 1 900 亩土地，使全村 50 亩以上的规模种植户一下子增加了 12 户。

C. 山重水复疑无路，柳暗花明又一村。2014 年 2 月，春寒料峭，室外雪花飞舞，而富农优质稻种植专业合作社里却是另外一番景象。刚刚参加完湖南省十二届人大三次会议的刘准，被合作社的成员们团团围住。刘准热情地分享自己的两会感受，回忆起两会上被副省长张硕辅点名发言时的情景，他竟也激动得有些磕巴了。两会上传递了有关种粮大户的几个利好消息，正如刘准所说，"一是（湖南）省将会加大种粮大户购买大型农业机械的补贴，在中央财政补贴之上增加 15％；二是（湖南）省明确要求，完善农村宅基地、自建房还有土地流转经营权相关政策，以后可以到银行办抵押贷款"。这些话让梅花村的村民对种田充满了信心。

刘准的话音还没落下，就被社员们热烈的掌声打断了。在座的社员都是种粮大户，4 年前在刘准的带领下搞规模种植。如今，大家的腰包鼓了，干劲也足了，不再满足于种田，也想要办粮食加工厂，但资金仍是最大的瓶颈。农民不像企业家，有厂房、资产做抵押，要向银行借钱，一个字"难"。刘准目光坚定地看着合作社里的各位大户，铿锵有力地向大家保证："只要我们齐心协力，大米加工厂很快会建起来。"外面的雪还在下，大家的掌声穿过漫天雪花，在田地的上空飘出很远，掌声里孕育的希望，必将在春天发芽。

D. 宝剑锋从磨砺出，梅花香自苦寒来。作为湖南省人大代表，刘准时刻保持着学习的好习惯，经常参加各种农业方面的培训。此外，他积极参加各种公益事业和考察调研，这些成就了刘准更大的格局、更开阔的视野、更开放的思维。2015 年，由他撰写的《关于加强农村"空心村"整治的建设》议案受到了湖南省、衡阳市领导的高度关注与肯定，并付诸实施。

人们往往看到的是别人最光鲜的一面，但是他们背后的艰辛和汗水却鲜为人知。为了农场更好地发展，他还不辞辛苦经常赶赴常德、益阳和台湾等省内外著名的标杆农场考察学习，其中令他印象最深的是 2015 年跟随湖南省人大组织的农业调研团观摩台湾关山镇一行。关山镇位于纵谷平原南端，盛产全台湾品质最优良的稻米和特色水果。在那里，许多农场将大米果蔬、民宿和旅游观光等融为一体，每年吸引了大批游客。关山镇还特别注重公平性和房子容积率，规定每家民宿最多只能接待 5 位客人，不允许有钱的人开大民宿、大农场，而且本地人也不能随意乱盖房子，从而有了恬静安详的关山，促进了当地的旅游消费和经济发展。

关山之行，让刘准深深感受到了这座稻田小镇的悠闲与舒缓，也感受到了品牌的独特魅力，更坚定了他打造农业休闲、观光旅游的决心，加快筹划和创立品牌的步伐。从现实情况来看，大米行业良莠不齐，竞争十分激烈，但高端品牌却供不应求，前景看好。在角山米业、优质稻产业协会的共同协作下，2015 年年底，农场终于研发出了水稻新品牌"梅花缘"，深受广大消费者欢迎。这种水稻既不施肥也不打药，选用上等的品种（湘晚籼 13 号），不仅产量可大幅度提高，而且口感十分好。"行情好的话，这种米最贵能卖到 50 元一千克"，刘准笑着说，"在种植面积相同的情况下，农场收益高出了几十万元"。

然而，"秧好半年禾"。要想保证产量的连年增加，培育秧苗至关重要。衡阳县的地理位置很特殊，每年 3 月持续低温多雨，饱受洪涝灾害影响。为此，

2015 年，刘准花 110 多万元引进的密室叠盘育秧技术派上了大用场。如此一来，种子催芽只需 48 小时，比传统育秧节省了至少 4～5 天时间，这不但解决了自己承包的 3 000 多亩地的秧苗问题，还为周边农户提供了 1 000 多亩的秧苗。在梅花村的育秧大棚里，刘准信心满满地说道："即便今年天气恶劣，但用密室育秧，出苗率很好，秧苗也很壮，为早稻丰收打下了坚实基础。"

育秧难题得以解决后，加上种植规模不断扩大，富乐农场也将步入发展的快车道，引入先进的农用机械已刻不容缓。农场的插秧机、收割机、烘干机等都是从台湾三久公司购买的最新农用机械，农场育秧、耕田、插秧、收割、粮食转运到烘干基本实现了机械自动化，做到"人不下田，谷不落地"。尽管农场生产机械自动化能减少人力成本、提高生产效率，但这些机械却占到了农场总资产的一半，而且，有些农产品的生长周期长、资金回笼速度慢，从而增加了刘准的财务压力，但他没有退缩，坚持继续走下去。

为了进一步向消费者传达"绿色、健康、生态"的理念，刘准又开始琢磨发展的新路子，直到有一次在安徽含山县调研学习时，当地的稻田养鱼模式让刘准眼前一亮。回到家乡，在阅读大量书籍、咨询众多专家后，他率先引进稻田养鱼技术，以水稻种植为主、在稻田内养鱼为辅，采取不打农药、不施化肥的方式，发展"间作式"特色生态农业，这一模式投资少、见效快、无公害，不仅促进了水稻质量的提升，也带来巨大的社会生态效益。

2015 年 8 月，富乐农场开始实施稻田养鱼，占地将近 100 亩，2016 年春又增加 100 多亩，鱼总产量达 10 吨，售价每千克 32 元，总收入有 30 多万元。如今，富乐农场出产的禾花鱼受到了广大消费者的青睐。在稻田养鱼初获成功之后，刘准又按捺不住爱"折腾"的心，准备在近几年尝试稻田养甲鱼的种养结合新模式，以更好地满足消费者对绿色产品日益增长的需求。

经过几年的拼搏与奋斗，富乐农场发展已逐渐步入正轨，刘准也成为当地小有名气的家庭农场主。刘准曾说："以前做农民，收入低，活儿又脏又累，被人看不起，所以宁愿出去打工做生意，但现在不一样了。"如今，刘准感叹，"我们种田基本实现了机械化，活儿不脏不累，一年能挣几十万元，生活环境比城里还好，这也算是一种体面的生活吧"。

3）农场未来展望。西渡梅花村地处衡阳县政治、经济与文化中心，交通便利且距离衡阳市仅 15 分钟的车程，区位优势十分明显。随着人们生活品质的提升及其对"返璞归真"思想的认同，催生了乡村旅游市场。富乐农场抓住机会，瞄准乡村旅游，大展宏图，将打造出亲近自然、远离俗世烦扰、远离现代都市生活的"县城后花园"。

未来几年，富乐农场将建设成集吃、喝、住、行、玩、乐为一体的综合示范性家庭农场，其中还有社区支持农业（CSA）示范性农场、有机蔬菜农场、休闲度假农场、养生颐年农场和农耕文化展示中心。刘准计划打造农产品可追溯体系，通过二维码，实现农副产品从田园到餐桌的全过程可追溯，即生产过程可监控、产品流程可追踪、质量信息可查询、安全事故可追溯，以保障消费者在富乐农场所购买的产品是绿色的、原生态的、个性化的，从而打响"梅花村"这一招牌。另外，刘准还计划给这些产品设计地理标志，让村民相信绿色产品能创造更多收入，从而自觉地实施绿色化管理；同时，他还准备制定产品安全政策，加大监督力度，杜绝安全隐患。

（2）农场主访谈提纲

您是怎么想到要创办家庭农场呢？创办家庭农场时，您本身拥有哪些优势或者资源禀赋？您能从外部获得哪些资源？

创办家庭农场后，您遇到过哪些问题（从创办到现在）？这些问题又是如何解决的？

创办家庭农场后，您发现了新机会吗？此机会对家庭农场的商业模式（九要素）产生了影响吗？在外部资源难以获取的条件下，您如何利用手头资源创新商业模式实现机会价值呢？在这一过程中，创业学习对于您来说重要吗？

问题的解决或机会的实现促进了家庭农场的成长（创业绩效）吗？在现有的环境条件下，你相信通过商业模式的创新能促进家庭农场解决新问题或实现新机会吗？

您认为在家庭农场创业过程中创业拼凑的影响因素有哪些？

您认为农场开展商业模式创新重要吗？可能会受到哪些重要因素的影响？

您对家庭农场的发展满意吗？未来几年有什么打算？

（3）家庭农场调查问卷

1）调研说明。

> 尊敬的农场主：
>
> 　　您好！我们是家庭农场创业战略研究课题组。本次调查旨在探讨创业拼凑、商业模式创新等对于家庭农场创业绩效的影响机制，为促进家庭农场的持续成长与发展提供可行的方案。本次调查内容不涉及家庭农场的商业机密，绝不用于商业目的，填写答案也无对错之分，恳请您结合实际情况，放心填写完整，谢谢！
>
> 　　　　　　　　　　　　　　　　　　　　×××× 年 × 月
> 　　　　　　　　　　　　　　　　　　　　×× 大学商学院

2）家庭农场主及家庭农场基本情况问卷。

1. 家庭农场主姓名_____，年龄_____岁，文化程度为_____。

2. 家庭总人数_____人，（其中儿子_____个，女儿_____个），实际劳动力_____人，常年雇工_____人（工资_____元），农忙季节性雇工_____人（工资_____元）。

3. 您长子的年龄_____岁，长女的年龄_____岁，子女最高受教育程度为_____。

4. 您创办农场之前（多选）：

□外出打工（□城市　□农村）　□经商（□本地　□外地）　□担任过村干部　□担任合作社负责人

（1）若外出打工，您主要从事哪类工作？

□管理类　□营销类　□技术类　□生产类　□其他

（2）这些工作是否为涉农企业部门？

□是　□否

5. 创业动机与原因：

□改善生活　□发挥特长　□追求独立　□发现商机

□政府鼓励　□别人示范　□其他：_____

6. 家庭农场创立时间：_____，投资规模：_____万元。

（1）资金来源：□自有资金　□银行贷款　□民间借款　□亲友借款　□信用社借贷

（2）创业所属行业：□农业　□工业　□服务业

（3）注册类型：□个体工商户　□独资企业　□其他：_____

（4）注册商标：□是　□否

（5）农场网站：_____

（6）品牌产品：□是　□否

（7）如果有品牌，级别：□国家级　□省级　□地市级

（8）绿色食品认证：□是　□否

7. 家庭农场的经营类型：

□纯种植　□纯养殖　□种养结合　□种植兼休闲　□养殖兼休闲　□种养兼休闲

8. 家庭农场经营的土地总面积_____亩，其中：

（括号内填写产品种类、数量、经营面积）

耕地_____亩（主要用于：_____），

山地_____亩（主要用于：_____），

林地_____亩（主要用于：_____），

水塘_____亩（主要用于：_____）。

（1）耕地地块数为_____块，细碎化程度如何？

□高　□中等　□一般　□低

（2）土地流转形式及亩数租金：

农户间流转_____亩，租金_____元/亩，时长_____年；

村委会帮助流转_____亩，租金_____元/亩，时长_____年；

合作社帮助流转_____亩，租金_____元/亩，时长_____年；

政府帮助流转_____亩，租金_____元/亩，时长_____年。

9. 您参加过哪些培训：

技术方面　□是　□否；培训机构为_____。

管理方面　□是　□否；培训机构为_____。

未来的培训需求（内容、形式）：_____。

10. 您参观过其他农场吗？次数_____，举例农场名称：_____

_____。

11. 创业最大的困难：

□用工方面（找不到好的工人、工人工资增长太快、季节性用工、工人年龄偏高、技术工人难留等）

□资金筹措方面（银行贷款额度小、利息高、缺乏抵押物、授信担保难、手续繁杂等）

□设施方面（临时用地审批困难、仓储用地困难、水电配套设施跟不上等）

□土地流转问题（土地租金高、集中连片难、流转价格上涨太快、土地流入难、时间短、续租难等）

□农业保险不能满足需要（保险公司太少、选择余地少、赔偿金额偏低、覆盖面窄、保险理赔困难等）

□市场销售方面（需求信息难以获取、价格不稳定、渠道少等）

□管理方面（管理知识不足、人才少等）

□技术方面（技术水平低，创新困难等）

12. 影响创业的个人因素（任选六项）：

□技术　□资金　□管理知识　□进取心　□创新能力　□心理承受能力

□市场知识 □毅力 □个人经验 □社会关系 □风险承担能力 □学习能力 □自信心

13. 为农场提供服务的机构：

□农技部门 □合作社 □农村信用社 □村（社区）集体经济组织
□公司企业 □供销社

14. 除购置农机、大棚及配套设施、种粮补贴、农资综合补贴等之外，还需要政府的支持：

□信贷支持 □市场信息 □技术培训 □基础设施建设 □租地、育供秧、农业保险补贴 □其他：_____

15. 家庭农场商业模式基本构成：

（1）价值主张：农场的产品或者服务是_____，其独特性体现在_____。

（2）目标客户：农场目前的主要顾客是_____。

（3）客户关系：农场通过_____途径或方式与顾客保持联系。

（4）渠道通路：农场通过_____途径或方式将产品或者服务提供给顾客。

（5）关键业务活动：_____。

（6）核心资产（资源）：_____。

（7）重要合作伙伴：_____。

（8）成本构成：_____。

（9）收入来源：_____。

16. 创业拼凑的影响因素（多选）：

□社会网络 □先前经验（工作、行业、创业） □学习能力 □资源整合能力 □创新思维或创造性 □合法性制度约束 □即兴而作的能力 □创业能力（□创业意识 □创业决断力 □机会识别能力 □对模糊、挫折、混沌的承受能力） □对拼凑者的信任 □对拼凑结果的预期反应 □创业警觉 □获取信息的能力 □创业者特质（人格魅力、感情投资等） □组织特性（结构柔性、决策权力下放、宽容失败、鼓励创新等） □初始资源的丰裕程度 □对现有资源特质的观察力与区分能力
□其他：_____

3) 家庭农场创业拼凑问卷。

项目	请根据您自己实际情况作答（在相应的单元格中打√）。各选项含义为非常不同意（1）、比较不同意（2）、一般（3）、比较同意（4）、非常同意（5）。注：资源包括劳动力、资金、技术、人脉网络、能力、知识、信息资源等。	1	2	3	4	5
创业拼凑	1. 当家庭农场面临新的经营困境时，我有信心能够利用现有资源找到可行的解决方案					
	2. 与其他农场相比，我可以利用现有资源应对更多挑战					
	3. 我能有效利用任何现有的资源应对创业过程中的新问题或机会					
	4. 我能组合现有的资源与廉价获得的新资源应对农场遇到的新挑战					
	5. 当农场面临新的问题或机会时，我通常假设能找到可行的方案并做出行动					
	6. 通过组合家庭农场现有的资源，我能成功应对任何新的挑战					
	7. 当农场面对新的挑战时，我能组合现有资源找到可行的解决方案					
	8. 我能组合原本计划用于其他目的的资源来应对创业中的新挑战					

4) 家庭农场商业模式创新问卷。

项目	请根据您自己实际情况作答（在相应的单元格中打√）。各选项含义为非常不同意（1）、比较不同意（2）、一般（3）、比较同意（4）、非常同意（5）。通俗地讲，商业模式就是企业以更独特的方式赚钱的故事。	1	2	3	4	5
效率型商业模式创新	1. 从顾客的角度来看，农场交易过程是比较简单的					
	2. 农场商业模式降低了营销成本、交易成本和沟通成本					
	3. 农场商业模式具有弹性，能很好地处理不同规模的交易活动					
	4. 农场交易中信息、服务和产品的使用和流动都是透明的					
	5. 农场商业模式用较低成本为客户创造了更多的价值					
	6. 农场商业模式使得产品和服务交易更加快捷、便利					
	7. 总体而言，农场商业模式提高了交易效率					
新颖型商业模式创新	1. 农场商业模式实现了产品、服务和信息的新结合					
	2. 农场商业模式能够获得以往所没有的合作伙伴或资源					
	3. 农场对农业专业技术（专利）、商业秘密的依赖程度高					
	4. 农场是商业模式的开拓者					
	5. 农场商业模式引入了新的思想、方法和技术					
	6. 农场的商业模式有潜力超越具有竞争力的其他农场					
	7. 总体而言，农场商业模式是新颖的					

5）家庭农场创业绩效问卷。

项目	请根据您自己实际情况作答（在相应的单元格中打√）。各选项含义为非常不同意（1）、比较不同意（2）、一般（3）、比较同意（4）、非常同意（5）。	1	2	3	4	5
创业绩效	1. 近年来农场农产品产量增长快					
	2. 近年来农场销售收入增长率高					
	3. 近年来农场净收益增长快					
	4. 与本地其他家庭农场相比，农场市场竞争力更强（如产品价廉物美、产品销售渠道更广）					
	5. 近年来农场雇工人数（常年雇工、临时雇工）增长快					
	6. 近年来农场固定资产（如农业工具：收割机、插秧机等）增加快					
	7. 近年来农场经营规模（如农场用地、经营领域）不断扩大					
	8. 近年来农场实现了预期目标					
	9. 近年来农场的总体满意度较高					
	10. 近年来农场的利润水平良好					
	11. 近年来农场的投资回报率较高					
	12. 近年来农场整体运营情况良好					

（4）实践任务及要求

阅读背景资料，遵循调研程序和方法，应用访谈提纲和调查问卷，对衡阳县西渡镇富乐家庭农场开展创业战略调研，形成创业战略调研报告。

结合文字材料和调研实践，在评价的基础上，完善或优化农场创业战略。

结合实践评价访谈提纲和调查问卷，提出完善和优化建议。

课中和课后灵活安排，4周内完成实践调研。

（5）实践组织方法及步骤

首先，组建调研团队，每组5～7人。

其次，广泛搜集信息资料，完成对家庭农场外部环境扫描和评估，尽量准确把握家庭农场行业发展的关键影响因素。

接着安排调研计划并开展调研，明确小组成员分工，先确定公共联系人，再确定访谈人、记录人和问卷发放人，最后确定调研地点和时间，开展实地调研，对农场主夫妇（及雇用人员）进行访谈并做好笔记，填好问卷。

然后，整理调研资料，转换并整理访谈录音，完成并提交家庭农场调研报告。

最后，展示、汇报，根据调研报告制作 PPT 展示和汇报，并回答其他小组的问题，进行答辩。

3.4 农民专业合作社战略调研

3.4.1 农民专业合作社背景知识

农民专业合作社是在农村家庭承包经营基础上，同类农产品的生产经营者或者同类农业生产经营服务的提供者、利用者，自愿联合、民主管理的互助性经济组织。农民专业合作社以其成员为主要服务对象，提供农业生产资料的购买，农产品的销售、加工、运输、贮藏以及与农业生产经营有关的技术、信息等服务。

新中国成立后，我们党在经过土地改革，实行"耕者有其田"的基础上，逐步组织引导农民通过发展互助组、初级社等形式，把农民组织起来，迅速解放和发展了农业生产力。之后，以生产、供销、信用为主的"三大合作社"在农村普遍建立起来。随着农业社会主义改造任务的提前完成，进入人民公社时期，我国农业合作社发展道路也经历了 20 多年的曲折探索。改革开放以来，我国农民群众在家庭承包经营的基础上，开展生产经营合作的意愿不断增强，合作实践不断丰富。为满足农民群众合作起来的需求，2007 年 7 月 1 日《中华人民共和国农民专业合作社法》正式实施，自此我国农民合作社走上了依法发展的快车道。

农民合作社在有关法律制度和支持政策的保障激励下快速发展，已成为农民群众的组织者、乡村资源要素的激活者、乡村产业发展的引领者和农民权益的维护者，在建设现代农业、助力脱贫攻坚、带领农民增收致富中发挥了重要作用。具体来说，首先，农民合作社是组织服务小农户的重要载体。农民合作社成员以农民为主体，为成员提供农业生产经营服务，组织小农户"抱团"闯市场，帮助小农户克服势单力薄、分散经营的不足，推进规模化、标准化生产经营，引领小农户与现代农业发展有机衔接。其次，农民合作社是激活农村资源要素的重要平台。农民合作社通过整合土地、闲置农房、资金、技术等资源要素，形成集聚效应，为乡村振兴注入了活力。大学毕业生、返乡农民工、各类回乡人士、工商资本等，通过参社办社进行创业创新，全国有 3.5 万家农民合作社创办加工企业等经济实体，2 万家发展农村电子商务，7 300 多家进军休闲农业和乡村旅游。最后，农民合作社是维护农民权益的重要力量。农民合作社通过优质优价、就地加工等提升农业经营综合效益，增加了成员家庭经营收入；通过促进富余劳动力转移就业，提高了农民工资性收入；通过引导成员多种形式出资获取分红，扩大了农民财产性收入来源。农民合作社特有的"一人一票"治理机制，在乡村治理中推进了农村民主管理。

2020 年中央 1 号文件指出要大力发展富民乡村产业，强调要重点培育家庭农场、农民合作社等新型农业经营主体，培育农业产业化联合体，通过订单农业、入股分红、托管服务等方式，将小农户融入农业全产业链，推动农村一二三产业融合发展。截至 2020 年 11 月，全国农民合作社达到 224.1 万家，坚持以农民为主体，辐射带动近一半的农户。农民合作社加强社际联合，通过共同出资、共创品牌、共享收益，组建联合社 1.3 万余家，社均带动 12 个单体合作社，经营收入是单体合作社近 4 倍。贫困地区共培育发展农民合作社 72 万家，吸纳带动建档立卡贫困户入社发展乡村产业。

目前，农民合作社正处在转型升级的关键阶段，呈现由注重数量增长向质量并举、重在质量提升的转变趋势。未来一段时间，农业农村部还将引导农民合作社内强素质、外强能力，为解决"三农"问题、实施乡村全面振兴、加快农业农村现代化提供有力支撑。

3.4.2　福建省南安市山夫生态农业专业合作社战略调研实践指引

（1）山夫生态农业专业合作社发展概况

1）山夫合作社简介。福建省南安市山夫生态农业专业合作社（以下简称"山夫合作社"）坐落于中国东亚文化之都、海上丝绸之路起点——泉州南安市向阳乡卓厝村 2 组，于 2011 年 11 月 2 日成立。在各级党委、政府大力支持下，创始人林连生通过盘活闲置土地，采用"合作社＋基地＋农户"模式，先后筹资创建农资服务部、蔬菜种植示范基地、创业扶贫示范基地，并探索"家庭农场＋合作社"发展模式。目前，合作社拥有 8 个蔬菜种植示范基地，共计 500 多亩。山夫合作社给残疾人"赋能"，让他们参与产业发展，越来越多的残疾人和农户怀着"你行我也行"的信念加入合作社，成员数量从最初的 12 户发展到了如今的 111 户，其中包括残疾人成员 82 户。

林连生和成员们脚踏实地的行动、艰苦奋斗的精神和扶助贫弱的爱心，赢得了各级党委、政府和残联的关注支持，以及社会各界的广泛认可。创业没有完成时，只有进行时。环境在变、市场在变，林连生的初心没有变、"山夫"人的精神没有变，他们将以自己的智慧和汗水继续书写创业的故事，为家乡美好的明天作出自己的贡献。

2）合作社创业历程。2021 年 2 月 25 日，全国脱贫攻坚总结表彰大会在北京隆重举行，习近平总书记在大会上庄严宣告："我国脱贫攻坚战取得了全面胜利!"这一消息传遍神州大地。山夫合作社的理事长林连生,更是喜上眉梢,激动不已,而与他同样高兴的则是围坐在他身旁的社员们。"十年前,林理事长找我一起入股合作社的时候,我还犹豫呢,幸好当时做了正确的选择。""是呀,这十年,我在合作社学到了很多技术,这几年收入提高了不少呢!""虽然我没有入股合作社,但我和合作社签了合同,合作社每年都收购我家的农产品,家里再也不用为销路而发愁了。"

伴随着喜悦的气氛,大家纷纷讨论起十年前的点点滴滴。如果说脱贫攻坚这一工作任务改变了中国的历史,那么对卓厝村的老百姓而言,林连生便是他们最感激与最敬佩的人之一。因为在过去的十年,由林连生创办的山夫合作社累计帮助 140 余户贫困户脱贫,其中包括残疾户 60 多户,实现人均月增收 1 000 多元,开辟出了一条农村"零就业残疾家庭"脱贫致富的新道路。但在创业与扶贫这件事上,并不总是一帆风顺。历经十年的风雨与坎坷,林连生心里深知,"利益"是团结社员的重要纽带,也是分工协作的基本前提,唯有构建起紧密稳定的利益联结机制,平衡好各方利益需求,才能有效发挥社员主观能动性,促进队伍不断壮大。看着眼前这些一同并肩作战的伙伴们,林连生的心中洋溢着满满的幸福感与成就感,过往的画面逐步浮现在眼前……

A. 创业伊始。向阳乡位于福建省南安市偏北的一片山区,辖内群山环抱,山脉自东北向西南逶迤蜿蜒,平均海拔 600 多米。而山夫合作社所在的卓厝村,其位置则更加偏远,地势复杂,村里的人口多为老人和小孩,靠着一亩三分地和国家的帮扶维持生计,是原省定贫困村。尽管经济条件落后,但这里仍然保持着大自然最原始与最生态的魅力,充足的降水与温暖的气候为各类农作物的生长提供了得天独厚的条件,林连生便在这一片绿水青山中逐渐成长。但天有不测风云,7 岁那年,林连生因触电不幸失去右臂,从此对他的学习、工作、生活带来了种种不便。为了维持生计,印刷工、保险推销、收银员等职业他都体验过,也曾凭借着自己的不懈努力与艰苦奋斗,赚到了些许收入。

然而,他却心有不甘,因为他清楚,他想要的不只是养家糊口,而是改变命运。"健全的人可以成就一番事业,我同样也可以。"这是他从未改变过的信念。曾经的经历让他意识到,残疾人单打独斗有多么困难,想要出路,唯有团结奋斗、抱团取暖。经过一番学习研究,他发现村子里的农户大多维持着小农经营,势单力薄,不仅没有好的销路,更没有议价能力,在市场上往往处于弱势地位;除此之外,农业更是一个"靠天吃饭"的产业,在没有技术保障的情况下,想要实现满意的产量,多半要靠上天的眷顾。

在新农班课程学习研修中,林连生了解到在市场中除了有企业,还有一种互助性的经济组织——农民专业合作社。它不仅能够通过合理的制度设计来调动广大农户的生产积极性，更能够通过市场化的运作来改善农户经营效益，提升农户抗风险能力。但在这片偏僻的土地上，对于未曾接受过高等教育的农户而言，"合作社"俨然是一个陌生的名词。合作社究竟长什么模样？它是否真的能够帮助大家改变现状？如何实现农户和合作社的有效衔接与科学管理？又该如何处理好农户和合作社之间的利益关系？这些问题，不仅困扰着当地村民，同样也困扰着林连生。

为了解决这些问题，林连生开始深入学习，逐渐对合作社有了更清晰的认知，在坚定了创业决心之后，林连生开始了挨家挨户地走访，向大家宣传合作社的同时也表达自己的想法。但现实并未如预期般顺利，有的人坚定地拒绝，也有的人犹犹豫豫，很多人都有着同样的顾虑——"我们村里可从未有过合作社？我要投多少钱？万一钱都赔进去了怎么办？"尽管无奈，但林连生也表示理解，毕竟大家都是靠着这片土地维持生计。

在屡屡碰壁之后，林连生将目标转向了当地的残疾户。作为村里残联的一员，他对残疾人这一群体有着深刻的理解，不仅了解他们的经历，更能体会他们的内心其实与自己一样，抱有改变命运的想法。在林连生不懈的努力与坚持下，最终他成功说服12名残疾人和他一起创业，共同出资12万元作为启动资金，就在2011年11月，山夫生态农业专业合作社——福建省首家残疾人互助合作社正式在向阳乡诞生。

B. 前路漫漫。然而合作社的成立只是万里长征的第一步，要想实现合作社的运转，还必须解决运营管理的各项难题。合作社究竟要开展什么业务？谁来负责业务的运营？缺乏资金、没有技术、没有设备甚至没有充足劳动力的合作社又如何同市面上其他对手展开竞争？诸如此类的问题逐步呈现在大家眼前。

作为合作社的发起人，林连生知道自身责任重大，面对重重困难，他首先站了出来说道"乡亲们，要想实现收入增加，咱们首先要明确合作社的主营业务，也就是明确咱们的出路。咱们都是农民，生产一些高科技的东西也比较困难，不如就从事咱们的拿手项——种地。尤其我们所在的卓厝村地处大山深处，气候湿润，光照充足，种植的花菜、丝瓜、水稻等农作物品质优、口感好，大自然给了我们这样优越的条件，我们一定要利用起来。除此之外，我认为我们还可以通过一些科学技术手段，大面积培育有机绿色蔬菜，以高质量卖出高价格，以高产量促成高销量。当然，要想实现这样的目标必然离不开大家伙的支持，我也希望大家能积极参与，互帮互助，共同致富。"从大家的眼神里可知，这一想法得到了大家的一致肯定。

"其次，对于实现这一目标的措施，我也有了初步的想法。"林连生紧接着说道："第一，要想提高产量，我们需要集中土地，实现规模化统一种植，这就涉及了合作社与社员之间的产权归属问题；第二，要想确保质量，我们还需要进行精细化管理——统一的种子、统一的肥料、统一的技术指导以及统一的监督，但如何实现这几个统一还有待我们商榷。"这一次的发言并没有像上一次一样得到大家伙的积极反馈，有人说："集中农户手中的土地，我们要花很多钱吧？什么时候才能收回本呢？我们这几个股东投资的钱可都是压箱底的钱，赔不起。"

有人附和道："对呀，除了集中土地，要想使用统一的种子和肥料，是不是也要我们自己掏钱？"林理事长面露难色。但另一边，也有人说道："我赞成林理事长的想法，有机绿色蔬菜的市场效益还是比较可观的，咱们先卖一年看看效果吧，林理事长也是为了合作社的发展，为了大家好啊。"

面对大家的问题，林连生一时也不知如何回答，只能心平气和地回复道："现在合作社处于起步阶段，大家有很多担心我也能理解，我相信大家既然成立了合作社，必然也想看到合作社发展的前途。在这里，我保证不会损害大家的利益，同时也诚邀大家一起奋斗，一起见证合作社的成功。"会议结束，大家开始了各自的工作，然而林连生却愁眉不展。

合作社自成立开始，就离不开钱，离不开利益，合作社对于主营产品的研究与市场布局，摸爬滚打了近5年时间。一方面，集中土地、购买农资、支付工人工资、农产品运输等成本在不断地支出，但合作社依旧没有稳定的收入；另一方面，村里也没有新的农户愿意出租土地，合作社规模化经营计划也只能暂时搁浅。股东、农户、合作社等各方的利益在经济活动中产生并发生着碰撞，不仅影响着合作社，也影响着每一位社员。这一系列的问题让股东们出现了消极心态，甚至部分社员提出了退出的想法。

为了解决销路问题，林连生带着团队奔走于福建泉州、晋江各地调查市场、选址租店，决心要将特色农产品送往更广阔的市场。经过多番努力，终于2016年合作社在泉州最大的果蔬批发市场——禾富农贸城设立了"咱厝人蔬菜中心"档口，与多家超市、饭店、餐饮公司、机关单位达成合作协议，为它们供应当地特色农产品。合作社逐步搭建起产供销一体的发展模式，也让社员们再一次燃起成功的希望。

渐渐地，合作社的收入稳定且持续增长，供不应求的订单让大家不再为合作社的成本开支感到担心，这也吸引了越来越多的社员加入。但伴随着社员的增加，合作社内部成员的利益诉求也逐渐多样化、复杂化，有的社员在生产环节消极怠工，在收购环节以次充好，甚至有的社员私自违反协议规定将农产品销售给了其他单位或个人。如何平衡合作社和社员之间的利益关系，成了合作社这一阶段亟须解决的难题。

林连生跟姚副理事长聊起了自己心中的顾虑，"最初咱们合作社的收益分配主要包括土地租金支付、农资购买、用工酬劳以及股东分红，但是随着合作社收益越来越好，发展也越来越需要更多的人才加入。合作社的规模在不断扩大，但我们的利益分配模式却未作改变，目前看来，合作社成员工作不太积极啊。"姚副理事长也点头应和道："是啊！从薪酬方面看，我们提供的待遇与市价无异，也没有什么监督措施，工人有时便会消极怠工，若不加以改进，将会使我们浪费许多成本；从土地租金上看，目前部分社员总想着坐享其成，内心觉得土地租给我们以后就完全不用负责了，但实际上我们还是希望他们能在合作社内部学到技术，然后在自己的土地上发展产业；从农资购买上看，我们本以为给农户提供物资，他们就能积极参与种植，但实际上由于农作物生产周期较长，农户的积极性逐渐降低，在生长后期管理松散，以至于农作物的品质达不到要求，以次充好，造成合作社一定的损失。这些问题看下来，我们支出了许多成本，但却并没有达到理想的效果，确实该在利益分配问题上做一些改进了。"

林连生长叹一口气，他心里清楚地知道，大部分社员加入是为了自身经营效益得到提高，但合作社的长期发展也需要每位社员的共同努力，而目前在团队内部尚未形成强有力的凝聚力。每位社员都有自己的利益诉求，在个人利益与整体利益冲突之际，在缺乏有效监管的情况下，社员往往会出现道德风险与逆向选择行为，将个人利益置于首位。如何才能平衡好各方的利益关系，着实令林连生感到头疼。

C. 拨云见日。林连生仔细回忆了这些年的发展，合作社就像一只雏鸟，从一开始倔强地挣脱破壳到歪歪斜斜试着走路，再到现如今尝试飞翔，无数次跌下树枝，又无数次奋力起飞，它的羽翼在无数次的锻炼中日渐丰满。为了让合作社能健康苗壮成长，林连生不断学习课本上的知识，也走访了省内众多优秀的示范社，学习先进的管理经验。他深知合作社的发展离不开社员，而团结社员的关键在于平衡好各方利益关系，解决利益相关者间的利益矛盾。对此，林连生结合理论与向阳乡当地实际情况，构建了一整套利益联结机制，从服务、合同契约以及产权三个方面协调社员与合作社间的利益关系。

"以农为本，为农服务"是合作社的立身之本，也是合作社的生存之基。对此，林连生希望从服务上切实帮助社员解决生产、供应以及销售过程中的难题，同时增加大家对于合作社的了解，培养彼此之间的信任。在合作社成立之初，他便采取"一户一策"的模式对社员进行精准帮扶，针对丧失劳动力的农户（如残疾户），合作社按照 350 元/亩的价格对其土地进行承包租赁、代耕代种、代管代养，使农户能够得到一些租金收入；针对有劳动力的农户，合作社则为其提供合适的工作岗位，并定期开展技术培训，使其在获得稳定工资性收入的同时提升就业能力。

除此之外，为了生产出品质达标的农产品，合作社践行"五大统一"与"一品一码"政策，即在生产过程中为社员提供"育苗—设备—技术—种养—销售"一条龙服务，免费为农户发放农机、种苗、肥料等农业生产物资，并传授统一的种植技术，规定统一的收购标准。与此同时，合作社每日都会将蔬菜品种的相关信息录入系统，包括产地、土壤情况、施肥时间、用药剂量等等，确保所有农产品源头可溯、去向可追、风险可控，实现从种植、加工到销售的全过程监控。

林连生深知合作社的发展仅凭彼此间的信任是不够的，仍要有模式化、制度化的约定去保障社员和合作社的利益，同时对双方的行为加以约束。对此，山夫合作社立足当地资源优势，发展"订单农业"，构建"企业＋合作社＋基地＋农户"的现代化农业产业体系。

具体而言，在实际生产过程中，合作社会根据生产加工的需求，选育适合当地气候条件与地理条件的作物品种，试种成熟以后再推广给广大农户社员进行种植。合作社采用订单种植和保价回收的方式，按照合同约定价格或高出市场平均价格对社员生产的产品进行收购，帮助农户构建起稳定的销售渠道。为了鼓励大家积极参与，对于一部分新加入合作社的成员，合作社会为其提供1万～2万元的启动资金，帮助其度过起步困难；而另一部分成员，可采用赊购的方式，即合作社前期为其提供化肥、种子、农具等生产物资，待农作物收购时再将该部分成本从结算款中扣除，该方式有效降低了农户的资金压力与生产成本。

为了增强成员凝聚力与向心力，规范合作社今后发展路径，山夫合作社积极鼓励、引导社员以土地、资金、技术、产权或劳动力等要素参股合作社，支持社员参与合作社的经营并享有合作社盈余分配权。凡是入股的社员，均可参与到合作社的运营管理当中，由"农民"变"股民"，对重大决策享有投票权，同时享有合作社盈余分配权。据山夫合作社的入股社员反映，这些措施足以保障他们的基本利益，林连生理事长总是在工作中优先考虑大家的诉求，为大家着想，这也使得大家伙越来越信任林理事长，也逐渐吸引了越来越多的农户加入合作社，甚至有邻村的农户慕名而来。

与此同时，在合作社外部，林连生于2017年牵头联系、整合向阳乡当地52家种养殖合作社，联合成立了福建昭惠生态农林开发有限公司。各合作社作为公司的股东，按投资比例享有相应的权益，合作社不仅可以收到分红，更有效整合了当地资源优势，提升"向阳好货"的品牌影响力，真正让农户直接从集体经济发展中受益。

D. 初见成效。"一户一策"的模式受到了大家认可，合作社也因此吸纳了更多新社员加入；合同契约的联结形式也起到了举重若轻的作用，树立了合作社助农增收的口碑；股权联结的措施更是牢固了老社员与合作社之间的利益关系。渐渐地，合作社社员从 12 人、30 人、50 人，一直发展到了现如今的 111 人，一系列的利益联结措施不仅巩固了合作社内部的利益联结关系，同时还产生了一定的经济、社会与生态效益。

作为连接市场和农户的桥梁，山夫合作社有效地解决了农户分散小生产与大市场的连接问题。相对于单个农户，合作社不仅具有规模经济和更强的市场开拓能力，而且还可以减少交易频率和交易风险，在农业结构调整、农民增收、农业增效等方面发挥了很好的作用。一方面，山夫合作社在内部建立了农资服务部，为农户提供优质种子种苗和种植技术指导，节约了 5%～10% 的生产物资成本，增强了产品的获利能力；在外部，合作社积极为农户收集市场信息，实现信息资源的共享，以合同契约的方式指导农户生产，有效降低了信息不对称的风险及相应的信息采集成本、合约成本。另一方面，为促进农户增收，合作社在泉州最大的果蔬批发市场——禾富农贸城设立蔬菜配送中心和批发档口，将农户生产的产品送往泉州各地，畅通农产品销售渠道，为合作社创造了 400 万元的收入。与此同时，合作社还积极与国安餐饮、泉州电网、各大高校食堂达成战略合作，为其配送蔬菜，月配送额达 30 多万元，实现规模效益，有效带动农户增收。

山夫合作社自成立以来一直秉持着服务农民的理念，以订单农业的方式，团结农户，共同脱贫致富，并且通过"一户一策"、免费供种、技术培训、保价回收的扶贫产业链实现了"造血"式扶贫。经过 10 年的努力，合作社累计帮助 140 余户贫困户脱贫，其中包括残疾户 60 多户，实现人均月增收 1 000 多元，解决了部分零就业残疾家庭的工作问题，鼓励残疾农户走出家门，帮助他们重新树立自信。不仅如此，合作社近 3 年举办技术培训会 20 多场，共计 600 多人次参加，帮扶社员建立 12 个示范基地，共计 800 多亩，示范带动 1 500 多亩，解决了当地 300 多人的就业问题，帮助众多普通农户掌握了知识技能，调动了农民自力更生、勤劳致富的积极性，取得了良好的社会效益。

随着合作社发展越来越好，林连生带领团队积极参加了各类创业大赛，合作社的故事也逐渐被更多人知悉，鼓舞着更多残疾人。作为福建省首家残疾人农民专业合作社，他们的创业精神感动了许多人，他们的运营模式也影响了更多农民专业合作社，在社会上形成了一定的积极影响。

3) 合作社未来展望。 经历了多年的探索与实践，合作社终于迎来了现如今的快速发展时期，林连生内心满是欣慰，但他也明白，尽管目前合作社的发展呈现积极态势，但过去藏形匿影的问题也正随着合作社的发展逐渐暴露出来。

一方面，是社员违约问题频发。合作社成立的初衷是团结大家、帮助大家，站在社员的立场，合作社希望尽可能提高社员的经济效益；但站在合作社的立场，合作社的发展离不开社员的共同努力。然而目前部分农户缺乏契约精神，未按合约要求将农产品交由山夫合作社统一销售，致使价格风险和供应风险由农户向合作社转移；部分农户以次充好甚至在交售的产品中掺假，严重影响农产品标准化管理，有损合作社品牌与声誉。另一方面，是管理制度不到位。由于合作社的社员大多为残疾人、贫困户等，大多数人的知识水平不高，并不了解合作社的组织性质与功能定位，不明确自身所拥有的权利与应尽的义务，只是单纯地看到了加入合作社的好处，长此以往将会造成合作社内部民主权利的丧失以及民主监督的模糊。倘若合作社有损害社员利益的行为将难以被察觉，倘若社员未能尽到义务，有意或无意间做了有损合作社利益的事情也没办法及时处理，致使利益分配有失公平，利益保障与约束有所缺失。

面对社员的违约，合作社究竟该如何解决？面对逐渐增加的社员，合作社又该如何有效维护好与社员之间的利益关系？在未来，又该如何实现巩固拓展脱贫攻坚成果同乡村振兴有效衔接，将合作社做大做强？这些问题仍等待着林连生去解答。[①]

(2) 合作社理事长及理事访谈提纲

促使您成立山夫生态农业专业合作社的原因有哪些？创办合作社时，您本人拥有哪些优势或者资源禀赋？

创办合作社后，您遇到过哪些问题（从创办到现在）？这些问题又是如何解决的？

最近几年农业合作社发现了新机会吗？问题的解决或机会的实现促进了农业合作社的成长（可持续创业）吗？

在合作社创业过程中您采取了何种决策方式？为什么？

家庭支持对您来说重要吗？可能会给合作社发展带来什么样的影响？

在现有资源条件下，合作社获得了较多的政府支持吗？您跟政府工作人员打交道多么？如何看待这些政府工作人员的行为？

---

① 资料来源：黄怡，范自诚，桑洁丽，等，利益联络——山天合作社成长的羽翼，中国管理案例共享中心，2022 年 4 月 27 日。

您对合作社的发展满意吗？未来几年有什么打算？

（3）农民专业合作社调查问卷

1）调研说明。

尊敬的合作社理事长及理事：

　　您好！我们是农民专业合作社创业研究课题组。本次调查旨在探讨资源获取、创业动机等对于农民专业合作社可持续创业的影响机制，为促进农民专业合作社可持续发展提供可行的方案。本次调查内容不涉及农民合作社的商业机密，绝不用于商业目的，填写答案也无对错之分，恳请您结合实际情况，放心填写完整，谢谢！

××××年×月

××大学商学院

2）农民合作社基本情况问卷。

　　1. 农民合作社理事长姓名_____，年龄_____岁，文化程度为_____；理事会成员_____人；社员_____人。

　　2. 家庭总人数_____人，（其中儿子_____个，女儿_____个），实际劳动力_____人，常年雇工_____人（工资_____元），农忙季节性雇工_____人（工资_____元）。

　　3. 您长子的年龄_____岁，长女的年龄_____岁，子女最高受教育程度为_____。

　　4. 您创办合作社之前（多选）：

　　□外出打工（□城市　□农村）　□经商（□本地　□外地）　□担任过村干部　□担任合作社负责人

　　（1）若外出打工，您主要从事哪类工作？

　　□管理类　□营销类　□技术类　□生产类　□其他

　　（2）这些工作是否为涉农企业部门？

　　□是　□否

　　5. 创业动机与原因：

　　□改善生活　□发挥特长　□追求独立　□发现商机　□政府鼓励□别人示范　□其他：_____

　　6. 农民合作社创立时间：_____，投资规模：_____万元。

（1）资金来源：□自有资金　□银行贷款　□民间借款　□亲友借款
□信用社借贷

（2）创业所属行业：□农业　□工业　□服务业

（3）注册类型：□个体工商户　□独资企业　□其他：_____

（4）注册商标：□是　□否

（5）合作社网站：_____

（6）品牌产品：□是　□否

（7）如果有品牌，级别：□国家级　□省级　□地市级

（8）绿色食品认证：□是　□否

7. 农民合作社的经营类型：

□纯种植　□纯养殖　□种养结合　□种植兼休闲　□养殖兼休闲
□种养兼休闲

8. 农民合作社经营的土地总面积_____亩，其中：

（括号内填写产品种类、数量、经营面积）

耕地_____亩（主要用于：_____），

山地_____亩（主要用于：_____），

林地_____亩（主要用于：_____），

水塘_____亩（主要用于：_____）。

（1）耕地地块数为_____块，细碎化程度如何？

□高　□中等　□一般　□低

（2）土地流转形式及亩数租金：

农户间流转_____亩，租金_____元/亩，时长_____年；

村委会帮助流转_____亩，租金_____元/亩，时长_____年；

合作社帮助流转_____亩，租金_____元/亩，时长_____年；

政府帮助流转_____亩，租金_____元/亩，时长_____年。

9. 您参加过哪些培训：

技术方面　□是　□否；培训机构为_____。

管理方面　□是　□否；培训机构为_____。

未来的培训需求（内容、形式）：_____。

10. 您参观过其他合作社吗？次数_____，举例合作社名称：_____

_____。

11. 创业最大的困难：

□用工方面（找不到好的工人、工人工资增长太快、季节性用工等）

□资金筹措方面（银行贷款额度小、利息高、缺乏抵押物、授信担保难、手续繁杂等）

□设施方面（临时用地审批难、仓储用地难、水电配套设施跟不上等）

□土地流转问题（土地租金高、集中连片难、流转价格上涨太快、土地流入难等）

□农业保险不能满足需要（保险公司太少、选择余地少、保险补贴不到位等）

□市场销售方面（需求信息难以获取、价格不稳定、渠道少等）

□管理方面（管理知识不足、人才少等）

□技术方面（技术水平低、创新困难等）

3）农民合作社资源获取情况问卷。

项目	合作社获取的资源来自哪些方面？请根据您自己实际情况作答（在相应的单元格中打√）。各选项含义为非常不同意（1）、比较不同意（2）、一般（3）、比较同意（4）、非常同意（5）。	1	2	3	4	5
资源获取	1. 政府提供的行业信息（新产品与新技术的信息、竞争者信息、市场需求方面的信息、销售渠道方面的信息、项目申请信息）					
	2. 政府组织的创业培训（管理、生产、技术等）					
	3. 科技帮助与科技成果支持					
	4. 政府提供创业与咨询服务					
	5. 获得了政府工作人员的尊重与认同					
	6. 获得了政府工作人员的鼓励与精神支持					
	7. 金融机构贷款支持					

4）农民合作社理事长（创始人）创业动机问卷。

项目	您的创业动机来哪些方面？请根据您自己实际情况作答（在相应的单元格中打√）。各选项含义为非常不同意（1）、比较不同意（2）、一般（3）、比较同意（4）、非常同意（5）。	1	2	3	4	5
创始人创业动机	1. 通过创业发财致富					
	2. 因打工就业难选择创业					
	3. 积攒养老金					
	4. 维持生活与健康保障					

（续）

项目	您的创业动机来自哪些方面？请根据您自己实际情况作答（在相应的单元格中打√）。各选项含义为非常不同意（1）、比较不同意（2）、一般（3）、比较同意（4）、非常同意（5）。	1	2	3	4	5
创始人创业动机	5. 喜欢挑战成就一番事业					
	6. 通过创业实现自我价值					
	7. 具有创业欲望与兴趣					
	8. 当老板证明自己的能力					
	9. 照顾与孝敬老人					
	10. 关爱小孩学习与成长					
	11. 为了家人能够过上更舒适的生活					
	12. 增进家庭温暖与和谐					

5）农民合作社创业机会识别问卷。

项目	请根据您自己实际情况作答（在相应的单元格中打√）。各选项含义为非常不同意（1）、比较不同意（2）、一般（3）、比较同意（4）、非常同意（5）。	1	2	3	4	5
创业机会识别	1. 我所识别出的创业机会可操作性很强					
	2. 由创业机会所带来的产品或服务能够为合作社带来较高的收益和回报					
	3. 由创业机会所带来的产品或服务能够持续为合作社带来利润					
	4. 由创业机会所带来的产品或服务能够完全被消费者和社会价值观所接受					
	5. 我所识别的创业机会具有独特性，产品或服务不容易被其他竞争者所模仿					
	6. 由创业机会所带来的产品或服务在市场上还未正式出现或普及					
	7. 我能很快识别新信息可能带来的变化					

6）农民合作社创业效果逻辑问卷。

项目	请根据您自己实际情况作答（在相应的单元格中打√）。各选项含义为非常不同意（1）、比较不同意（2）、一般（3）、比较同意（4）、非常同意（5）。	1	2	3	4	5
效果逻辑	1. 在创业过程中，我会采取实验方法来尝试各种不同的产品原型和商业模式					
	2. 我所提供的产品和服务与创业初期规划基本保持一致					
	3. 我现有的产品和服务与最初的规划有着实质性的区别					
	4. 在找到最佳商业模式之前我会进行不同的尝试					
	5. 我会谨慎地投入资源，以确保不超越合作社承受范围					
	6. 我会谨慎地使用资金，以免偏离预先设计而承受不必要的损失					
	7. 为了规避创业过程的风险，我将谨慎地使用资金，严格监控财务状况					
	8. 在创业过程中面对新出现的机会，我保持开放的心态，尽可能抓住开发它					
	9. 我能根据手头现有资源及时调整合作社行为					
	10. 我能够保持足够的灵活性，以便及时开发利用新机会					
	11. 我会努力保持合作社组织的灵活性，尽量增强其环境适应性					
	12. 我与利益相关者建立了良好的合作伙伴关系，以应对环境的动荡与竞争，降低不确定性					
	13. 我会与利益相关者一起，共谋合作社的发展					

7）农民合作社家庭支持（情感、经济、认知、行为方面）问卷。

项目	请根据您自己实际情况作答（在相应的单元格中打√）。各选项含义为非常不同意（1）、比较不同意（2）、一般（3）、比较同意（4）、非常同意（5）。	1	2	3	4	5
情感	1. 因为创业导致我的生活方式随之改变时，家人能够理解并接受这种改变					
	2. 当我遇到创业中的挫折而发生情绪变化时，家人能宽容并且安慰我					
	3. 配偶会从精神上支持我的事业，经常给予我鼓励					

项目	请根据您自己实际情况作答（在相应的单元格中打√）。各选项含义为非常不同意（1）、比较不同意（2）、一般（3）、比较同意（4）、非常同意（5）。	1	2	3	4	5
经济	1. 家人提供经济保障，帮助我克服资金困难					
	2. 我能够获得多渠道的家人资金支持					
	3. 家人为合作社作出贡献但不期望获得报酬（回报）					
认知	1. 家人常鼓励我提高技能					
	2. 家人给我提供有价值的反馈（信息、建议、想法、观点等）					
	3. 家人承认我有实现目标的能力					
行为	1. 家人常和我一起完成工作任务					
	2. 家人以积极的态度坚持不懈地同我一起解决问题					
	3. 家人承担更多的家庭生活任务有助于我更有效地完成工作任务					

8）政府工作人员领导行为问卷。

项目	请根据您自己实际情况作答（在相应的单元格中打√）。各选项含义为非常不同意（1）、比较不同意（2）、一般（3）、比较同意（4）、非常同意（5）。	1	2	3	4	5
情感型领导行为	1. 当我未能完成创业目标时，政府工作人员会给予鼓励					
	2. 政府工作人员会创造宽松的环境以便我诉说不满					
	3. 我在创业中遇到困难时，政府工作人员会主动给予支持					
	4. 政府工作人员会主动了解我在创业过程中面临的困难					
服务型领导行为	1. 政府工作人员为我提供了创业所需的信息					
	2. 政府工作人员鼓励我发挥自己的才能					
	3. 政府工作人员帮助我进一步发展自己					
	4. 政府工作人员把我的利益放在他/她自己的利益之前					
	5. 政府工作人员尽其所能为我服务					
	6. 政府工作人员牺牲自己的利益来满足我的需求					
	7. 政府工作人员为了满足我的需要，超越了职责的要求					
	8. 政府工作人员不会为帮助我解决问题而寻求认可或回报					
	9. 政府工作人员对自己的局限性和弱点持开放态度					
	10. 政府工作人员经常被他/她看到或发生在他/她身边的事情所感动					
	11. 政府工作人员倾向于表达他/她的真实感受					

（续）

项目	请根据您自己实际情况作答（在相应的单元格中打√）。各选项含义为非常不同意（1）、比较不同意（2）、一般（3）、比较同意（4）、非常同意（5）。	1	2	3	4	5
创业型领导行为	1. 政府工作人员为合作社销售产品或提供服务提出激进的改进想法					
	2. 政府工作人员为合作社销售的全新产品或提供的服务提出建议					
	3. 政府工作人员鼓励我承担风险					
	4. 政府工作人员提出有创造性的解决方案					
	5. 政府工作人员表现出对我创业的热情支持					
	6. 政府工作人员帮助我构建合作社未来的愿景					
伦理型领导行为	1. 政府工作人员倾听他人的心声					
	2. 政府工作人员批评或处罚违反道德标准的人					
	3. 政府工作人员在个人生活中遵守道德规范					
	4. 政府工作人员考虑到他人的利益					
	5. 政府工作人员作出公平和平衡的决定					
	6. 政府工作人员值得信赖					
威权型领导行为	1. 政府工作人员要求我完全服从他/她的指示					
	2. 政府工作人员作出所有决定，不管这些决定是否重要					
	3. 政府工作人员总是拥有最后的发言权					
	4. 政府工作人员在他人面前总是发号施令					
	5. 政府工作人员对其他人严明纪律					

9）农民合作社可持续创业问卷。

项目	请根据您自己实际情况作答（在相应的单元格中打√）。各选项含义为非常不同意（1）、比较不同意（2）、一般（3）、比较同意（4）、非常同意（5）。	1	2	3	4	5
经济绩效	1. 合作社的销售额在增长					
	2. 合作社的业务正在不断发展					
	3. 合作社的业务处于盈利状态					
社会绩效	1. 合作社为促进社会福祉作出贡献					
	2. 合作社鼓励社员参加非强制性公益活动					
	3. 合作社强调其承担社会责任的重要性					

（续）

项目	请根据您自己实际情况作答（在相应的单元格中打√）。各选项含义为非常不同意（1）、比较不同意（2）、一般（3）、比较同意（4）、非常同意（5）。	1	2	3	4	5
生态绩效	1. 合作社参与旨在保护和改善自然环境的活动					
	2. 合作社为子孙后代创造更好的生活而投资					
	3. 合作社为减少对自然环境的负面影响实施特别计划					

（4）实践任务及要求

阅读背景资料，遵循调研程序和方法，应用访谈提纲和调查问卷，对福建省南安市山夫生态农业专业合作社开展创业战略调研，形成创业战略调研报告。

结合文字材料和调研实践，在评价的基础上，完善或优化合作社创业战略。

结合实践评价访谈提纲和调查问卷，提出完善和优化建议。

课中和课后灵活安排，4周内完成实践调研。

（5）实践组织方法及步骤

首先，组建调研团队，每组5~7人。

其次，广泛搜集信息资料，完成对合作社外部环境扫描和评估，尽量准确把握合作社行业发展的关键影响因素。

接着，安排调研计划并开展调研。明确小组成员分工，先确定公共联系人，再确定访谈人、记录人和问卷发放人，最后确定调研地点和时间，开展实地调研，对合作社理事长（及理事）进行访谈并做好笔记，填好问卷。

然后，整理调研资料，转换并整理访谈录音，完成并提交合作社调研报告。

最后，展示、汇报，根据调研报告制作PPT展示和汇报，并回答其他小组的问题，进行答辩。

第四章

涉农企业战略新闻追踪

4.1 北大荒集团实时新闻分析

4.1.1 新闻材料[①]

2022 年 8 月 28 日，第二届中国高寒生态奶业发展高峰论坛在北京圆满举行，本届论坛由中国高寒生态奶业科学研究院主办，中国奶业协会、中国乳制品工业协会、中国农垦乳业联盟、北大荒农垦集团有限公司协办，北大荒完达山乳业股份有限公司承办，论坛主题为"高寒生态，营养未来"。来自各界的专家学者齐聚一堂，以"高寒生态"作为核心探讨主题，共谋中国奶业发展新方向！

北大荒集团积极响应国家号召，打造农业领域航母。

北大荒集团积极响应国家对垦区的发展政策，不断深化体制机制改革，坚持对标世界一流企业，强化管理，创新谋划"1213"高质量发展工程体系，加快建设现代农业大基地、大企业、大产业，打造农业领域航母。

把奶业做强做优，为消费者提供高品质优质奶品，打造具有国际竞争力的奶业产业，培育具有世界知名度的奶业品牌，始终是北大荒人不变的初心，更是建设"中华大厨房"，打造农业领域航母的应有之义。

作为国民乳企的北大荒完达山乳业，隶属于北大荒集团，其得天独厚的资源优势和科学规范的标准化管理，为北大荒完达山提供了国内独一无二的高寒生态奶业资源，打造出奶源差异化核心竞争力。

北大荒完达山地处国际公认的黄金奶源带，土质肥沃、草质肥美，土壤中含有丰富的氮磷钾和稀有微量元素等营养成分。－30℃严寒与高达 70℃的冬夏温差，无需喷洒化肥农药便可天然灭杀虫卵，隔绝绝大多数虫害，令牧草天然无公害。

北大荒完达山坚持科研创新，构建绿色"全家营养"品类结构。

北大荒完达山乳业坚持科研创新，致力于打造品类品牌化。奶粉产品线打

---

① 新闻来源：河北网络广播电视台，北大荒集团为北大荒完达山提供优势奶源加持，助推奶业高质量发展，https://www.huaxia.com/c/2022/09/02/1362569.shtml。

造了"全家营养"的产品品类结构，推出了以稚采、菁采、菁美、元乳为代表的婴幼儿奶粉，以黄金季、诸葛小将系列为代表的细分人群品类奶粉；液奶产品线形成了"1＋5"的产品品牌矩阵，打造出以黑沃 A2β-酪蛋白有机纯牛奶、乳此新鲜巴氏奶、妍轻活菌型乳酸菌饮品等为代表的优势大单品。

此外，为满足消费者多元化需求，北大荒完达山乳业积极布局有机赛道，全面打造了"有机＋A2"的核心产区，塑造全家营养的有机产业链。北大荒完达山乳业坚定不移地推动品类品牌化战略，不仅加快了产品创新速度，更为乳业高质量发展贡献了一份坚实力量。

未来，北大荒完达山乳业作为中国高寒生态健康乳制品领导者，将继续发挥高寒生态资源优势，秉持绿色可持续发展理念，持续在"高寒生态奶"赛道发力，助力中国奶业全面振兴，推动"健康中国"目标早日实现。

4.1.2　企业新闻背景[①]

新闻主要关系北大荒集团旗下北大荒完达山乳业，企业产品为乳制品，所在行业为乳制品行业。乳制品，指使用牛乳或羊乳及其加工制品为主要原料，加入或不加入适量的维生素、矿物质和其他辅料，使用法律法规及标准规定所要求的条件，经加工制成的各种食品，也叫奶油制品。乳制品含有丰富且易被吸收的营养物质，一直以来被认为是"健康产业"。乳制品包括液体乳，乳粉，炼乳等七类。第一类是液体乳类，主要包括杀菌奶、灭菌奶、酸奶等。第二类是乳粉类，包括全脂乳粉、脱脂乳粉、全脂加糖乳粉、调味乳粉、婴幼儿乳粉和其他配方乳粉。第三类是炼乳类。第四类是乳脂肪类，包括制作蛋糕用的稀奶油、常见的配面包吃的奶油等。第五类是干酪类。第六类是乳冰淇淋类。第七类是其他乳制品类，主要包括干酪素、乳糖、奶片等。

（1）宏观环境感知

1）政策法律法规。乳品行业的发展与乳制品的产业政策密不可分，中国乳制品行业受到各级政府的高度重视和国家产业政策的重点支持。国家发改委、工信部、农业农村部等政府职能部门对行业进行宏观调控，其中国家发改委对新建、扩建乳制品项目进行核准制管理；国内行业自律职能主要由中国乳制品工业协会、中国食品工业协会、中国奶业协会、国际乳品联合会中国国家

---

① 资料来源：陆玖商业评论，2022 乳制品行业现状与发展前景深度解读，https：//www. 360kuai. com/pc/99002bd2fbb09db12？ cota＝3&kuai ＿ so＝1&tj ＿ url＝so ＿ vip&sign＝360 ＿ 57c3 bbd1&refer ＿ scene＝so ＿ 1，2022 年 3 月 3 日；观研天下，中国乳制品行业发展趋势分析与未来前景预测报告（2022—2029 年），https：//www. 163. com/dy/article/HGLEQS530518H9Q1. html，2022 年 9 月 7 日；北大荒农垦集团有限公司官网和北大荒完达山乳业股份有限公司官网。

委员会等各级行业协会承担。上述行业协会主要承担制订并监督执行行规行约，收集并发布行业信息，协调同行价格争议，维护公平竞争等工作。中国乳制品工业协会侧重于管理乳制品加工企业，中国奶业协会侧重于管理奶牛养殖基地及其相关的乳制品加工企业。

国家大力鼓励并扶持乳制品行业的发展，并出台相关政策法规逐步规范行业发展。乳制品行业发展的产业政策主要基于工信部和发改委公布的《乳制品工业产业政策（2009年修订）》，该产业政策是为规范乳制品行业发展，加强行业管理，保障乳制品质量安全，根据《乳品质量安全监督管理条例》《中华人民共和国食品安全法》及相关法律法规规定，结合乳制品工业发展的实际情况，对原《乳制品工业产业政策》《乳制品加工行业准入条件》进行了整合修订而成。该产业政策为建设具有中国特色的现代乳制品工业提供了总的指导，重点强调行业规范发展，保障乳制品质量安全。

国家层面乳制品行业政策和地方层面乳制品行业政策均会对乳制品行业发展产生影响，核心关注乳制品质量安全。2008年10月是中国奶业发展的一个重要节点，国务院颁布了《乳品质量安全监督管理条例》，这是我国奶业的第一部法规，具有里程碑意义。其后国家不断下发奶业政策，振兴奶业发展，目标是强化监督，推进行业提质增量发展。如2019—2021年，国内先后推出《国产婴幼儿配方乳粉提升行动方案》和新国标，对奶粉原料和成分作出了更明确严格的规定，同时叠加二次配方注册，完善了国内婴幼儿配方乳粉生产企业体系的检查制度。各省在国家政策指导下，也制定了乳制品行业发展目标，重点集中在养殖规模、奶类产量、奶类质量等方面。各时期国家和地方乳制品工业产业政策的重点如下。

"十二五"期间，《食品工业"十二五"发展规划》提出，加快乳制品工业结构调整，积极引导企业通过跨地区兼并、重组，淘汰落后生产能力，培育技术先进、具有国际竞争力的大型企业集团，改变乳制品工业企业布局不合理、重复建设严重的局面，推动乳制品工业结构升级。"十三五"期间，《全国奶业发展规划（2016—2020年）》提出，优化区域布局、发展奶牛标准化规模养殖、提升婴幼儿配方乳粉竞争力等主要任务。

"十四五"期间，农业农村部将加快奶业现代化建设。一是优化区域布局，巩固主产区，开拓南方新区，支持奶业大省落实本区域奶业振兴与千万吨奶发展规划；实施奶牛遗传改良计划，依靠科技帮助奶牛养殖场降低生产成本，提高生产水平和养殖效益；着力破解奶业产销区域不平衡、产品结构不平衡、利益分配不平衡等矛盾，建立稳定的奶业产业链、供应链和价值链，实现奶类产量有新的跨越，奶源自给率有新的提升。二是加强生鲜乳质量安全监管，落实生产者主体责任；加强饲料、兽药等投入品使用监管，强化对生鲜乳收购站、运输车等重点环节的监测；稳定产业利益联结机制，规范购销市场秩序，稳定奶农生产收益预期，筑牢乳品质量安全根基。三是保持乳品在食品行业中的优良率，巩固液态奶的市场优势，开发低温奶的市场潜能，尽快补齐奶酪等优质产品短板；从供给侧、需求端同步推进乳品多样化，通过满意消费，铸就国产品牌，树立国产乳品消费信心。四是发挥乳品龙头企业引领带动作用，做大中国奶业 20 强（D20）峰会平台，做优国家"学生饮用奶计划"，做好小康牛奶公益助学行动，树立行业形象，增添行业正能量。

结合政策法规和行业自律，目前中国已经成为全球乳制品质量安全标准和保障体系最完善的国家之一。源头上，中国婴幼儿配方奶粉标准检测指标多达 66 项，是国外检测指标的两倍多，为全球最严之一，一些国内头部企业的自检指标更是超过 600 项。在生产环节，中国头部企业已经成为全球优质样板工厂；在出厂环节，中国是全球唯一一个实施配方奶粉配方注册制的国家；在销售环节，中国同样也是全球唯一一个月月抽检的国家，而且一旦抽检不合格，就会被全国通报，一年之内出现两次不合格将被吊销配方注册证书。

2）经济环境。 2021 年，全国居民人均可支配收入 35 128 元，比上年名义增长 9.1%，扣除价格因素，实际增长 8.1%；比 2019 年增长 14.3%，两年平均增长 6.9%，扣除价格因素，两年平均实际增长 5.1%。分城乡看，城镇居民人均可支配收入 47 412 元，增长 8.2%，扣除价格因素，实际增长 7.1%；农村居民人均可支配收入 18 931 元，增长 10.5%，扣除价格因素，实际增长 9.7%。2021 年，全国网上零售额 130 884 亿元，比上年增长 14.1%。其中，实物商品网上零售额 108 042 亿元，比上年增长 12.0%，占社会消费品零售总额的比重为 24.5%；在实物商品网上零售额中，吃类、穿类和用类商品分别比上年增长 17.8%、8.3% 和 12.5%。

3）社会文化环境。 乳制品因其具有健康的属性，拥有着最广泛的消费人群。随着消费升级和国民健康意识的提升，我国人均乳制品消费量逐渐提高。根据《中国居民膳食指南（2016）》，奶类中富含钙、优质蛋白质和 B 族维生素，对降低慢性病发病风险有重要作用，该指南建议每人每天摄入 300 克的液体奶，或者同等的奶制品。世界卫生组织建议 3 岁以下婴幼儿食品不添加糖，因为经常食用这类食品，会给宝宝造成龋齿、肥胖等多种健康伤害。因此，近年来，市场上越来越多无糖无添加的酸奶制品出现，得到消费者的喜爱。随着生活水平和健康意识的提升，我国公众的健康饮食意识也在不断提高，倡导科学饮食和营养均衡，减少高脂肪、高热量的肉类食品消费，增加绿色健康消费，有利于行业长期发展。

城市居民生活饮食习惯缺乏规律，又由于工作等原因存在较大的精神压力，多数人存在经常性的肠胃不适问题。根据《2015 年中国 12 城市肠胃年龄洞察报告》，57% 的 33～55 岁的中国城市居民有肠胃超龄的问题。酸奶由纯牛奶发酵而成，在发酵过程中产生了全新的质地（黏稠度和口感）、独特的风味，能够帮助人们促进肠胃消化，这使得酸奶逐渐受到消费者的喜好和推崇。

疫情发生后饮奶意识提升，促进乳制品零售额稳健增长。2016—2021 年，中国乳制品零售额的年均复合增速为 4.2%，至 2021 年实现 4 425 亿元。据《2020 中国奶商指数报告》，疫情发生后民众健康意识提高，乳制品提升免疫力成为共识。疫情防控期间 56.4% 的公众增加了乳制品摄入量。伴随饮奶意识及饮奶人群渗透率提升，预计 2024 年我国乳制品零售额将突破 5 000 亿元。

4）技术环境。乳制品行业技术整体涉及产品生产加工技术、新设备研发制造技术和产品研发技术。乳制品的生产加工技术分布在生产工艺的各个环节，行业相对较先进的工艺技术包括闪蒸技术、巴氏鲜奶优质乳加工技术、褐色饮料生产技术。新设备技术主要集中在除菌分离机和斯托克无菌塑瓶设备的研发生产上。产品研发方面，乳制品产品研发关键在于在保持牛乳风味稳定性的前提下，最大程度保留牛乳中的营养物质，并去除不利于人体健康的物质。随着乳制品行业消费升级以及人民群众健康观念的不断提高，天然食材、天然甜味剂、维生素、矿物质等新原料的应用成为乳制品行业新的趋势；零添加、高蛋白、零脂肪、控制体重、低糖、低卡路里、益生菌等功能性产品越来越受到消费者的欢迎。此外，离心除菌技术、陶瓷膜过滤技术、离心分离技术、超高温灭菌技术等新工艺、新技术的创新应用使得行业的产品开发步入新的发展历程，特别是冷链运输的成熟成为低温奶兴起的技术基础。目前消费观念趋向健康化，低温巴氏奶回归市场；整体液奶市场步入成熟期，增速放缓。

（2）行业环境探究

从整个产业看，乳制品行业的产业链较长，涵盖牧草饲料、奶牛养殖、乳制品加工、终端销售等多个环节。上游是奶牛养殖，其产品原奶是生产乳制品的重要原料，养殖业周期属性强，牧场进行乳牛养殖，出售原奶。中游为乳制品加工业，加工企业购入生鲜乳或大包粉，将其生产为液体乳、乳粉、奶酪等产品。下游通过超市、便利店、线上平台等线上线下多渠道将产品销售至消费者手中，消费属性强。我国乳制品产业链的发展并不均衡，中游企业加工能力强，但养殖与销售环节相对薄弱。自 2018 年以来，中国乳制品抽检合格率均在 99.8% 以上，违法添加物三聚氰胺已连续 12 年未检出。国家市场监督管理总局发布《市场监管总局关于 2021 年市场监管部门食品安全监督抽检情况的通告》显示，2021 年我国乳制品抽检合格率为 99.87%；婴幼儿配方奶粉抽检合格率为 99.88%；特殊医学用途配方食品抽检合格率为 100%，是 34 类抽检食品中合格率最高的。

有关部门健全市场准入和监管制度，保障了生产、加工和各流通环节的规范性，国内乳制品质量安全稳定可靠。2021 年液态奶产量达 2 580.1 万吨，同比增长 9.6%；干乳制品产量达 170.5 万吨，同比增长 5.4%；奶粉产量达 87.1 万吨，同比增长 0.4%。预计 2025 年我国乳制品市场规模将达到 8 100 亿元。国产奶正用品质与实力加速赢得消费者的信任。据海关数据，2021 年我国共进口婴配粉 26.17 万吨，相比于 2020 年，下降了 21.88%。

1）行业竞争格局稳定。艾媒金榜（iiMeval Ranking）发布 2022 年上半年中国乳业企业排行榜前 15 名，此榜单采用 iiMeval 大数据评价模型计算赋值，通过对企业综合实力、线上电商平台销售、全网媒体传播态势、用户口碑调研、专业分析师团队评价等指标进行分析核算生成。从榜单排名来看，中国乳业已形成稳固的双寡头竞争格局。前两名依次被蒙牛、伊利占据，排在第三名的是三元，往下依次是光明、燕塘、君乐宝、中垦、天润、完达山、新希望、卫岗、晨光、辉山、益益、皇氏。

在稳固的双寡头竞争格局下，行业内乳企马太效应明显。近几年中国规模以上乳制品企业数量逐年增加，其中 2021 年中国规模以上乳制品企业数量为 589 家，同比增长 3%。近年我国乳制品产量保持稳定增长，2021 年伊利股份、蒙牛乳业分别以 25.8%、22.8% 的市占率位列行业前两位，业务规模前五名的公司所占市场份额（CR5）为 57.8%。伊利股份、蒙牛乳业两家全国性乳企产品结构丰富，渠道铺设完善；光明乳业、新希望乳业等区域性乳企主要在重点区域内拥有先发优势及品牌力，消费者忠诚度高，近年来凭借位置优势发力低温乳品提升竞争力；而燕塘乳业、天润乳业、完达山乳业等地方性乳企经营区域仅为部分省份及周边地区。乳制品监管趋严，龙头企业在原奶收购、产品研发、品牌力建设等方面具备明显的规模优势，市场份额将持续向头部乳企集中，马太效应明显。

2）潜在进入威胁不小。乳制品行业的潜在进入者包括境内外风险投资机构、外资乳企和其他对乳制品行业产生兴趣的跨界投资企业。作为全球最大的乳制品消费市场之一，中国乳制品市场对诸多投资者一直有着不小的吸引力，其中外资乳企对行业内企业的现实和潜在竞争威胁一直不小。国外乳企全面进入我国奶业已成趋势，进入领域从乳品销售向乳品加工和奶牛养殖等各环节扩展。国际乳业巨头雀巢、达能、恒天然等较早进入中国市场并投资建厂，菲仕兰、美国奶农、拉克塔利斯等也通过不同方式向中国奶业投资。外资乳业在 20 世纪八九十年代以产品输入为主，在 21 世纪初以发展养殖为主的资本进入，2014 年至今是以发展加工、构建全产业链为主的资本进入阶段。2021 年以来，深耕中国市场的外资乳企逐渐增多。美赞臣中国正式独立运营，成为本土持有、本地化管理的业务集团；雀巢集团不久前公布设立大中华区；法国乳品巨头达能宣布拟用 5 年时间，将中国变为其全球最大市场，激发新消费需求。在国内奶源充足、2021 年超量进口乳制品和国际市场乳制品价格居高等多重因素的影响下，2022 年以来我国乳制品进口量呈现下降趋势。

3) 原奶供应商讨价还价能力强。 新冠疫情发生后原奶需求旺盛，而 2017 年以来我国原奶自给率长期低于 70％的战略目标，导致国内国外原奶生产商价格决定能力强。国内原奶价格持续上涨，推动大包粉的进口量突破新高，2021 年达 127.5 万吨，叠加新西兰原奶产量下降，国际奶粉价格同样高涨。2020 年以来饲料价格持续上涨，养殖业成本高企。饲料成本占奶牛养殖成本的六成以上，其中玉米、豆粕、菜粕等精饲料占比超 40％。受疫情反复导致种植业受损、粮食物流不畅、粮企囤货等不利因素影响，叠加俄乌冲突影响粮食进口节奏，2020 年以来国内饲料价格持续上涨。截至 2022 年一季度，国内玉米与豆粕的均价达 2.89 元/千克和 4.22 元/千克，较 2020 年年初分别累计上涨 29.5％与 38.3％。成本上升和原奶自给率不足导致原奶供应商讨价还价能力强。

头部乳企加速布局优质奶源，加强上游控制力，通过后向一体化增强自身的讨价还价能力。近年来，乳企纷纷通过持股或战略合作方式布局上游奶源，满足自身需求。2010 年，光明投资 8 200 万新西兰元收购新莱特乳业 51％的股份，开创了中国乳企走出去的先河。2013 年伊利开启全球化进程，截至 2021 年末伊利旗下参控股优然牧业、赛科星、中地乳业、恒天然、威士兰等规模化牧场。同在 2013 年，蒙牛以 32 亿港元的代价从 KKR 集团和鼎晖投资手中收购现代牧业 28％的股权。截至 2021 年 6 月 30 日，蒙牛已持有现代牧业 51.4％的股权。2018 年，蒙牛收购中国圣牧旗下圣牧高科 51％的股权，战略布局有机奶源。相较于资源雄厚的两大龙头，其他乳企在奶源控制上略显弱势。

4) 购买者讨价还价能力一般。 我国乳制品行业的发展速度很快，但我国的乳制品人均消费量与世界平均水平差距还很大，我国人均乳制品消费仍有提升空间。从国内看，《中国居民膳食指南（2016）》建议成人每天应摄入 300 克液态奶或相当于 300 克液态奶蛋白质含量的其他奶制品；但是根据《2021 中国奶商指数报告》，目前仅有 30.5％的公众达到乳制品摄入量标准，仅有 3.6 亿人坚持每天摄入乳制品。对标国际，2017—2021 年我国人均牛奶消费量逐年提升，但相比发达国家仍较低。2021 年我国人均牛奶消耗量为 10.04 千克，而同期日本、美国、英国分别实现 32.13 千克、63.08 千克、92.07 千克，渗透率空间广阔。

乳制品需求量庞大，中国乳业市场持续扩容。国内乳制品消费量正在逐步提高，三孩政策将进一步刺激国内乳制品市场的消费。乳制品除了口感香醇外，还能够补充人体所需蛋白质、钙和B族维生素，对降低慢性病发病率有重要作用，因而无论男女老少多有出于营养目的日常饮用或食用乳制品的经历。反映在消费者的画像分布上，各个代际的消费者在乳制品的消费占比不相上下。但由于乳制品普遍偏甜口，更易受到女性消费者的喜爱，其消费占比超过60%。

相较于其他人群，婴幼儿、学生党、都市白领、银发族是乳制品的刚需人群，此类群体对乳制品的消费客单价增速明显高于其他人群。此外，"Z世代"、小镇青年在新型乳制品消费占比和消费增速上表现突出，堪称新消费品牌潜力军。

人均消费奶制品较高的省份主要集中分布在北京、天津、山东、山西等北方省份，内蒙古、新疆等奶源丰富及具备消费习惯的地方，以及上海、江苏等高消费潜力的地方。此外，北方地区农村市场消费空间广阔，正在逐步扩容。

疫情强化了居民营养健康意识，营养成分成了消费者挑选乳制品时极为看重的因素。超过两成消费者主动学习食品营养知识，通过分析乳制品配料表评判产品优劣。此外，从不同客单价的消费人数分布来看，乳制品高消费人群数量增速更为突出，为高品质付费正成为消费新趋势。

中国乳制品行业拥有B（企业用户商家）、C（消费者个人用户）双端市场。B端市场以餐饮企业、新式茶饮企业等企业级客户为主，在国内市场，瑞幸、喜茶、虎头局等咖啡、奶茶、烘焙品牌加速扩店导致购买量增加，增强了企业的讨价还价能力。由于乳制品消费群体的普及性，C端市场消费群体复杂，渠道多样，个体消费者购买量市场占比极小，在乳制品企业面前只能被动接受定价，几乎无讨价还价能力。但面对市场上琳琅满目的多元品牌乳制品，消费者可以用脚投票表达对产品质量和价格的认可。结合B、C端整体状况可知，乳制品购买者讨价还价能力一般。

5）替代品威胁不容小觑。乳制品替代品的崛起似乎势不可挡。根据美国市场调查与咨询公司 Markets and Markets 的数据，预计2026年乳制品替代品市场将达到406亿美元，年复合增长率为10.3%。其显著增长的因素可以归因于消费者生活方式的改变，可持续发展意识和乳糖不耐症水平的上升。目前来看，受人口不断增长和消费者寻求乳制品中所含营养和维生素的推动，乳制品替代品主要以植物蛋白饮料为主，但预计在未来，还会有更多的乳制品类有待"被替代"，将会有更多的植物基原料受到关注。乳制品替代品领域的创新非常普遍，现有产品的多样性为消费者的多样化选择铺平了道路。结合美国食品网站 Food Navigator-USA 发布的2022年乳品替代品行业的发展趋势可知，乳制品替代品存量市场以燕麦为主，其他原料备受瞩目。燕麦之所以成为焦点，是因为它们可以促进健康和补充营养，同时还适用于过敏者。而且，燕麦符合消费者对产品可持续和环境友好的要求。除了燕麦以外，许多以植物为基础的产品，比如椰乳、椰基酸奶、纯素奶酪，也有很大的增长潜力。除了更多的植物原料以外，未来市场上会出现更多营养价值高于牛奶的乳制品替代饮料，同时也会有风味、口感都无限接近牛奶的植物产品。

（3）新闻企业信息

1）公司简介。 北大荒农垦集团有限公司（以下简称"北大荒集团"）地处黑龙江省东北部小兴安岭南麓、松嫩平原和三江平原地区。经营区域土地总面积 5.54 万千米^2，现有耕地 4 564 万亩，是国家级生态示范区。北大荒集团下辖 9 个分公司、1 个子公司，113 个农（牧）场，751 家国有及国有控股企业，分布在黑龙江省 12 个市。2019 年实现集团企业增加值 442.5 亿元，人均可支配收入达到 25 985 元。北大荒集团实现营业收入 1 233.6 亿元，利润 3.1 亿元。北大荒集团坚持实施农业产业化经营，打造了米、面、油、肉、乳、薯、种等支柱产业，集团旗下拥有国家级及省级农业产业化龙头企业 11 家，培育了"北大荒""完达山""九三"等一批中国驰名商标。旗下包括黑龙江北大荒农业股份有限公司、北大荒种业集团、九三粮油工业集团有限公司、黑龙江农垦北大荒商贸集团有限责任公司、北大荒完达山乳业股份有限公司等直属企业。

集团近年来全面推进集团化和企业化改革，出台了实施"三大一航母"和"绿色智慧厨房"总体发展战略设计规划和方案。"三大一航母"以产品和农产品加工为主体，以科技创新、资本运作为两翼，建设产融结合的大企业；以投入品、农产品"双控一服务"打造大基地；以"三库一中心"、一二三产业融合发展大产业。在"绿色智慧厨房"方面，实施"181"战略。发展目标为打造大型现代农业企业集团，到 2028 年，建成具备国际化经营能力的新型粮商和"中华大厨房"，缔造世界粮农业领域一流品牌。

北大荒完达山乳业股份有限公司（以下简称"完达山"）始建于 1958 年，是王震将军亲手缔造的，隶属于北大荒农垦集团有限公司的民族乳品企业。企业资产总额 38.4 亿元，现有员工 9 725 万人，下辖 22 家分（子）公司，年鲜牛乳加工能力 100 余万吨，可生产奶粉、液态奶、饮料及保健食品等，拥有稚采、菁美、菁采、元乳、诸葛小将、黄金季、黑沃、妍轻等明星产品，销售网络遍及全国。

自成立以来，完达山始终传承军旅文化、知青文化和北大荒文化，以"奉献绿色食品、关爱大众健康"为己任，依托"龙江沃土、黄金奶仓、生态北大荒"这一无可复制的生态资源，坚持在黑土地养健康牛，做诚信人，产放心奶。20 世纪 60 年代，由完达山生产的第一批奶粉作为民族乳品工业开端代表献礼北京。20 世纪 70 年代，完达山首创大颗粒速溶奶粉制造工艺，将中国乳粉推至速溶时代。20 世纪 80 年代，完达山连续四次蝉联国家乳品行业最高奖——国家银质奖章。20 世纪 90 年代，完达山商标成为黑龙江省第一枚"中国驰名商标"。进入 2000 年以后，完达山连续多年被国家认定为全国农业产业化重点龙头企业，是乳品行业唯一的"中国绿色食品荣誉企业"，全国诚信体系建设首批首家乳制品试点评价通过单位，全国"最美绿色食品企业"，国家高新技术企业。面对激烈的市场竞争，完达山乳业努力冲出重围，2021 年营业收入突破 50 亿元，总收入增长 19%，利润增长 12%，品牌价值超过 462 亿元。2022 年，完达山品牌价值达到 521.52 亿元，连续 19 年入围中国 500 最具价值品牌榜单，排名第 170 位。

作为民族乳业杰出代表，完达山始终承载着国企责任、国家队品质，为所爱尽所能，重点以打造科技驱动型企业为核心，始终瞄准世界乳品的前沿技术和智力资源，构建了"基地研发中心＋核心城市研发中心＋全球研发智库"的国际化创新研发体系。产品加工生产全部引进国际顶尖生产设备，实施领先的乳制品生产工艺，执行优于国家标准的企业内部控制标准，实现了乳制品加工从牧场到终端包装的全程自动化、智能化控制，在国内率先建成了婴幼儿配方奶粉质量安全可追溯系统，建成了全国唯一的"有机＋A2"牛奶核心产区，奶源基地实现 100% 规模化养殖。

目前的公司架构如图 4-1。

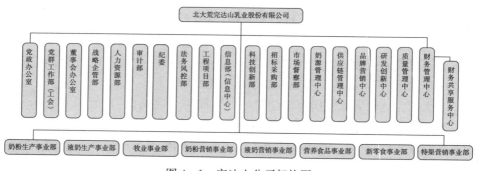

图 4-1 完达山公司架构图

2）战略定位。完达山发展战略目标是"双百亿"，预计 2025 年实现收入 100 亿元、上市后市值超 100 亿元。公司定位"高寒生态奶"，2022 年完达山携手中国农垦乳业联盟，起草并发布了《中国农垦高寒生态牧场通用要求 奶牛》团体标准，填补行业标准空白，树立了高寒生态奶业的行业标准。完达山和黑龙江省农业农村厅、北大荒农垦集团、中国奶业协会、中国农垦乳业联盟、黑龙江省农垦科学院、黑龙江北大荒研究院、北大荒牧业共同成立了中国首个"中国高寒生态奶业科学研究院"，研究院将致力于"高寒生态奶"牧场认证、推动"高寒生态奶业"标准建立、发布"高寒生态奶业"产业报告、推动创新产品研发、推动市场消费培育等各项工作。公司推行"为所爱、尽所能"的品牌理念，实施从源头到餐桌全程品质监控，通过数字化提升企业竞争力。

3）公司产品与服务。 公司坚持品类品牌化的路径，生产奶粉、液奶和有机奶系列产品。奶粉产品线打造了"全家营养"的产品品类结构，推出了以稚采、菁采、菁美、元乳为代表的婴幼儿奶粉，以黄金季、诸葛小将系列为代表的细分人群品类奶粉，全面布局产品矩阵；液奶产品线形成了"1＋5"的产品品牌矩阵，打造以黑沃、乳此新鲜、妍轻等为代表的优势大单品。此外，为满足消费者多元化需求，完达山积极布局有机赛道，全面打造了"有机＋A2"核心产区，塑造全家营养的有机产业链，产品精准聚焦国民营养健康，深度挖掘高寒优势，开发高寒生态奶市场潜能，推出了一系列高寒生态奶品，包括稚采A2婴幼儿配方奶粉、菁美A2有机奶粉、黑沃A2β-酪蛋白有机纯牛奶等。

在产品研发方面，完达山始终瞄准世界乳品的前沿技术和智力资源，与美国联合研发的安力聪婴幼儿配方奶粉已通过中山大学的临床试验，自主研发的元乳系列配方奶粉、珍益及黑沃牧场、东北老酸奶等多项高科技、高附加值产品投放市场后受到消费者的欢迎，有几十种产品被评为高新技术产品。完达山与国外多家研发机构共同构建国际化虚拟研发体系，与国内10余所高等院校联合组成科研开发实体，形成产品"研发一代，上市一代，储备一代，构思一代"的良性循环，完达山每年都有十几项新产品投放市场。多年来，完达山还承担了多项国家重点科技项目、省市级重点攻关项目。

公司打造完达山"宝妈会"，提供海量的孕婴知识、有趣的专家课堂、高频的有奖互动，期望成就"菁采"妈妈，陪宝妈一同走过孕育之路。完达山用行动传达品质，有"育儿大师讲堂""大型路演""妈咪课堂""亲子活动"等多个主题的推广活动，足迹遍布全国，为消费者提供孕育知识、技术等方面的服务，深受消费者的欢迎。

4.1.3　完达山乳业战略行为与战略意图辨析

（1）实践目标

结合新闻材料和新闻背景，应用业务层战略理论，特别是竞争定位理论，分析、判定新闻背后完达山乳业的战略行为与战略意图。

（2）实践任务及要求

契合乳制品行业的特殊性，分析影响乳制品行业发展的关键因素及变化趋势，判定新闻中完达山乳业举办第二届中国高寒生态奶业发展高峰论坛是否属于把握行业发展关键因素的行为？活动背后的战略意图是什么？

基于完达山乳业的视角分析乳制品行业，寻找影响乳制品行业盈利能力的关键因素，判定我国乳制品行业的吸引力。

分析影响完达山乳业潜在盈利能力的要素和条件，判定新闻中展示的公司行为和相关措施如何助力公司战略目标实现？

基于竞争定位，分析、判断完达山乳业竞争定位基点和定位选择能力。

（3）实践组织方法及步骤

首先，4～5人组建团队，广泛查阅资料，结合新闻和背景材料完成实践任务。

其次，各组将实践任务完成结果整理为调研报告。

最后，展示、汇报，根据调研报告制作 PPT 展示和汇报，并回答其他小组的问题，进行答辩。

（4）实践时间

课中和课后灵活安排，两周内完成。

4.2　中粮集团实时新闻分析

4.2.1　新闻材料[①]

2022 年 9 月 8 日，2022 金砖国家新工业革命展览会在厦门国际会议展览中心开幕，中粮集团受邀参展。

工信部副部长辛国斌、工信部节能与综合利用司司长黄利斌、奥地利使团等与会领导、嘉宾在集团人员陪同下参观中粮展位，详细了解了中粮集团旗下福临门、长城葡萄酒、家佳康、中茶、酒鬼酒、蒙牛、悦活、中糖、香雪、山萃、名庄荟、中粮梅林等品牌业务，以及中粮集团作为构建全球农粮产业链的深度参与者和畅通全球农粮供应链的坚定推动者，携手金砖国家不断加强农业领域合作，共同建设更高效、更包容、更有韧性且更可持续的全球农业粮食体系，拉动全球农业生产、促进金砖国家当地经济社会发展，为共创强劲、绿色、健康的全球农业发展新时代所贡献的中粮力量。

---

① 新闻来源：中粮集团有限公司官网，中粮集团参加 2022 金砖国家新工业革命展，http：//www.cofco.com/cn/News/Allnews/Latest/2022/0908/51827.html。

本届展会，中粮集团携旗下中粮油脂、中粮粮谷、中粮糖业、中粮酒业、中粮可口可乐、中国茶叶、蒙牛乳业、我买网中粮山萃、中粮工业食品共同参展，带来多款中粮明星产品。

2022金砖国家新工业革命展览会由工业和信息化部国际经济技术合作中心、福建省工业和信息化厅、厦门市人民政府主办，于2022年9月8日—11日在厦门与中国国际投资贸易洽谈会同期同地举办，旨在搭建金砖及"金砖＋"国家项目对接、产业合作的平台，务实推进数字化、工业化、创新等领域合作。

4.2.2　企业新闻背景[①]

中粮集团有限公司（COFCO）创办于1949年，是我国国资骨干企业，同时也是我国规模最大、知名度最高的农产品生产和加工企业之一。中粮集团经过长期发展，从粮油品贸易公司逐步升级成为国内领先的农产品、食品生产加工销售企业以及粮油服务供应合作商，业务覆盖田园至餐桌整个产业链。现阶段中粮集团主营业务包括农产品收购、储藏和物流，粮油食品销售，农产品加工、销售，饲料加工，肉类屠宰和加工，品牌食品生产销售，产品包装，电商，商业型房地产业务，住宅型房地产业务，旅游型房地产业务，酒店，金融等板块。中粮集团在应对全球经济一体化浪潮的过程中，逐步加深与国际合作商在粮油、果蔬、地产、金融等多个领域的交流，在世界范围内扩大品牌影响力。中粮集团凭借完善的内部管理体系、良好的获利能力、多元化的业务发展，长期名列《财富》杂志所评选的全球企业五百强。凭借逐步完善的产业链条，中粮集团塑造了多个品牌产品与业务组合，包括福临门食用油、五谷道场方便面、蒙牛乳制品、长城葡萄酒、亚龙湾度假区、我买网、大悦城等。这些品牌不仅进一步推进集团多元化建设，也使得中粮品牌的市场地位快速提升。目前中粮集团旗下品牌约40个，主要分布于食品领域、非食品领域和地产酒店领域。集团所形成的全球采购链，能够将南美地区、黑海地区等世界最大的粮食产地区域与亚洲地区等世界最大的粮食需求地进行对接，实现稳定、顺畅的粮食交易渠道建设。目前中粮集团在国内拥有工厂188家，终端销售点230万家，覆盖全国几百个城市与十几万个乡村。

---

① 资料来源：戴亮，基于央企地产并购重组动因的并购绩效研究——以中粮地产并购大悦城地产为例，北京交通大学硕士学位论文，2020年；周敏，中粮集团全产业链战略实施及其财务绩效分析，江西财经大学硕士学位论文，2019年；孙庆余，中粮饲料奶牛饲料业务发展战略研究，河北工业大学硕士学位论文，2018年；樊文静，中粮集团公司的发展战略研究，厦门大学硕士学位论文，2019年。

（1）宏观环境感知

1）政策法律法规。 中粮集团作为涉及多行业的国内龙头粮商，其发展情况与政策安排有着密切联系。近年来，国家相继出台了一系列鼓励中国食品行业的发展政策，包括节税免税、财政补贴、公益性补贴、价格补贴、用地优惠等，这是中粮发展中的一大机遇。国家为了保障粮食价格稳定、促进产品流通，逐步放宽对粮食出口的贸易管制，这对中粮集团来说，意味着环境约束减弱。中粮集团是由国务院国资委100％控股的中央所属国有独资企业，在国民经济总体布局中有着举足轻重的地位，这使得中粮集团成立以来就在粮油食品生产、进出口等业务上具有一定的优势，并且中粮集团在稳定居民消费生活、平稳物价等方面有着不可替代的作用。因此，中粮在资金和政策上都得到了国家的大力扶持。中粮拥有自己的健康营养研究中心（中粮营养健康研究院生物技术中心），主要从事现代生物技术研究，致力于提高食品原料安全性和农畜产品质量，为消费者健康提供保障。这种生物技术的转型过程也坚持绿色、低碳和环境保护的概念，与保护环境的基本国家政策相吻合。中粮集团的全产业链布局实际是把握机遇，提供健康的食品，以满足消费者在食品安全方面的需求。

除此之外，中粮集团还参与金融、地产等领域。政策层面上，2016年2月，国务院国资委公布"十项改革试点"落实计划，其中之一就是"中央企业兼并重组"。近年来，国家一直大力推动中央企业并购重组，实现产业整合，从南北车合并、神华集团与国电集团合并重组、中船集团与中船重工合并，中央企业并购重组频发。具体到房地产领域，2010年3月，国资委发布"退房令"，要求78家不以房地产为主业的央企退出房地产市场，只保留16家以房地产为主业的央企，留下了包括保利、中铁、中国铁建、中冶、中粮、五矿等中央企业集团。2011年前后又新增了鲁能集团、新兴集团、神华集团、中航工业和中煤集团共5家央企集团。自此，不在名单之中的中央企业的房地产业务大概率会被并购重组。2015年中央经济工作会议提出要促进房地产业兼并重组，首次在政策层面上明确了推动房地产行业整合和房企兼并重组的工作方向。2020年1月，国资委要求央企严把主业投资方向，不得为规避主业监管要求，通过参股等方式开展中央企业投资项目负面清单规定的商业性房地产等禁止类业务。2020年3月22日，国家电网宣布退出房地产板块业务，旗下的鲁能地产集团被整体剥离只是时间问题。综上可以看出，国家一直通过并购重组来整合产业资源，优化行业结构，实现协同发展。当前，房地产企业并购重组也是房地产行业新的发展阶段的重要特点和行业趋势。

在房地产行业，"房住不炒"和"因城施策"是目前房地产调控的主基调，据相关数据统计，2018 年全国房地产调控次数高达 405 次，同比增加 80%。近两年整体来看，房地产调控先紧后稳，调控卓有成效。

2019 年 4 月以来融资政策全面收紧。2016—2017 年的地产融资收紧从债券融资开始，逐渐拓展到银行、私募、信托。相较于 2016—2017 年，此轮地产融资政策收紧更加密集和全面。由于"地王"频发、居民杠杆率及地产挤占信贷资源等原因，中央再次全面收紧地产融资政策。融资全面收紧主要影响贷款与自筹，销售回款通过居民端贷款影响。银行贷款方面，严查违规流向地产融资，保持个人住房贷款合理适度增长；非标融资方面，要求下半年控制余额不新增、二级资质限于公司及直接控股股东；境内债券方面，部分"地王"融资收紧；海外债方面，要求房地产企业发行外债只能用于置换未来一年内到期的中长期境外债务。在行业融资全面收紧、销售承压背景下，规模资金少、杠杆高、短期偿债能力差、盈利周转弱的中小房企面临巨大生存压力。国家加大房地产行业调控力度，在促进房地产行业不断优化调整，保证我国房地产行业理性、健康发展的同时，也淘汰部分效率低下、不合规的房企。

2）经济环境。 随着国内经济的快速增长，国内食品的总体需求和供应量也在不断增加，食品行业市场消费潜力巨大。与此同时，消费升级也将推动食品行业需求的快速增长。中粮近期通过产业链的横向纵向整合，扩大生产规模也就不足为奇。政府应对通货膨胀带来的价格管制压力可能导致一些食品公司提供一些低质量的产品，以便在短期内获得更多的利益。为扩大价格管制范围，国家严厉打击投机，保障居民基本生活质量。国家发展和改革委员会采访了以中粮集团为首的一些大型农产品企业，并禁止他们提高食用油价格，这也为中粮将业务拓展到房地产等提供了理由。随着全球化进程的加快，进口食品已进入国内市场，与国内企业形成了强大的竞争关系。中粮集团应制定合理的战略或决策，在国内利用自身的品牌优势打败竞争对手，从而确保其长期稳定发展。十八大报告中，首次提出了全面建成小康社会。五项指标中明确规定了经济建设指标，经济发展的战略调整是大力发展第三产业。因此，中粮集团通过并购等手段进入房地产和金融业，未来的经济发展趋势可能对其有利。

从房地产角度，目前我国房地产处于相对成熟的发展阶段，整体增速放缓，行业竞争加剧，市场供需结构改善。我国房地产开发企业总数已超过10 万家，但房地产企业数量在经过早期的快速增长后，从 2011 年开始，增速明显放缓，并一直保持在历史低位，2015 年更是出现负增长。由此可见，在新的发展阶段，优胜劣汰是这一阶段市场的主要特征，部分规模体量较小或者经营效率较低的中小房地产企业开始逐渐退出市场，存活下来更多的是规模效率更高的优质企业，整体行业结构得到一定优化。除去 2017 年房地产调控力度加大，2015—2018 年，我国房地产开发企业的经营总收入仍保持较高的增长速度，然而增长背后的推动力有所不同。前一阶段收入的高速增长，主要由于市场处于快速成长期，房地产企业个数迅猛增长以及行业销售利润率较高。在新的发展阶段，房地产企业数量增长放缓，同时拿地成本明显提高，销售利润率明显下滑，行业总收入的增长主要源于行业整体质量和效率的提升，头部房企纷纷加速转型，依托资金、资源优势，从单一的房地产开发模式，转向多元化、全业态布局，形成新的收入增长点。随着行业进入成熟期，竞争加剧，在这一阶段，行业整体进入调整期，部分规模体量较小或者经营效率较低的中小房地产企业开始逐渐退出市场，市场供需结构改善，行业平均营业利润率在2016 年开始大幅回升，并于 2018 年达到历史新高，随着房地产企业整体经营效率的提高，行业发展趋势更加理性、健康。

3）社会文化环境。近年来，重大恶性食品安全事件并不少见，食品安全问题已成为当前社会的热点问题，食品加工行业的质量安全成了消费者选择的首要因素。面对严峻的食品安全形势，中粮集团的全产业链战略有利于缓解这一局面。对于种植、养殖、收购、运输、加工、物流、销售等方面进行全方位的控制，能更好地对农产品产业链中的产品安全风险进行监控。这对中粮集团而言既是风险也是挑战，一旦中粮集团全产业链战略的任何环节出现了安全问题，都会直接影响其他相关产品的销售，进而影响到整个集团的形象和声誉，甚至会影响中粮集团的发展脚步和战略规划。如何追踪监控全产业链中的各个环节，进行有效的监管控制，如何确保农产品链中的产品安全，将是中粮集团面临的问题。如果管理完善，将会有助于打造集团的口碑品牌，基于对品牌的信赖，整个集团产业都将取得意想不到的效果。

4）技术环境。中粮集团涉足多领域多行业，掌握多项国内外顶尖原粮、食品储存、加工技术。目前，中粮集团共有直属粮库 101 家，收储能力2 165 万吨，年港口转运能力 1 800 万吨，每日粮食烘干量为 6.7 万吨，在全国各主要产粮区均有网店布局，是我国粮贸产业的代表。中粮集团经过多年奋斗，在市场份额、信息反馈、销售途径、物流转运、技术研发、内部管理、风险控制和人力资源方面具有绝对性优势。目前中粮我买网在国内 300 多个城市形成冷链配送网点，具备一站式购物能力，在北京、上海和广州分别成立 3 个生鲜快速检查实验室，有序推动体系建设和标准化管理，自主对在线商品进行监督检查，累计在食品安全层面投入超过 1 000 万元。中粮生化作为其中重要的技术研发力量，其主营业务包括生物技术研发，生物能源产品生产、加工、销售，生物化工产品生产、加工、销售，该板块推向市场的主要产品包括柠檬酸、盐类、乳酸、食品添加剂、饲料添加剂、生物柴油等，在市场中具有较强竞争力。同时中粮生化拥有现阶段国内生产规模最大、技术最先进、经营能力最强的玉米深加工企业之一，在黑龙江、吉林、湖北等多个省份和东南亚地区共有 20 余家子企业，总资产规模突破 180 亿元，能够形成以玉米、木薯、纤维素为原材料制造燃料乙醇的产业链，是我国市场占有率最大的生物质燃料乙醇市场合作商。

（2）行业环境探究

农粮行业作为中粮集团的核心主业，其行业环境事关中粮集团的发展。

我国的粮食行业主要分为购、销、调、存、加等部分，是国家粮食政策贯彻执行的主体。我国的粮食政策适应国情和粮情的变化，有效保障了我国各个历史阶段的经济社会发展。粮食行业作为粮食政策执行的主体，其结构也随着国家粮食政策的变迁而变化，有效推进其贯彻落实，实现粮食商品流通，保障粮食战略安全，为我国经济发展和安全稳定提供了基础性保障。

国务院在《国务院办公厅关于加快推进农业供给侧结构性改革大力发展粮食产业经济的意见》中指出："当前，粮食供给由总量不足转为结构性矛盾，库存高企、销售不畅、优质粮食供给不足、深加工转化滞后等问题突出。"粮食行业面临着新形势、新任务、新挑战、新机遇。

1）供求矛盾一时难以化解，去库存压力大，收储供应能力有待进一步提高。我国虽然粮食消耗总量大，但粮食产量处于世界领先水准，粮食收购量和库存量仍处于较高水平，供求之间的矛盾导致了我国在适度进口大豆等粮食的同时，还要进行玉米等粮食的去库存工作。我国粮食流通效率不高，物流成本大，粮食行业现代化程度不高，不能有效克服区域性问题，收储供应能力有待进一步加强。我国粮食行业发展除了受政策影响外，同样也受到土地、劳动力等因素的影响。我国粮食行业的现代化程度不高，整体创新活力不足，应对粮食流通体制改革的能力不足，同时部分销区受到自然环境和社会环境等的影响，难以形成具有较大规模的购销集团，布局分散、规模较小、实力不强，甚至部分面临合并重组、破产，市场活力不足。加之改革开放的不断推进，粮食市场的国内外融合不可避免，但是地方应对的经验和机制仍然不足。

2）粮食行业结构有待优化，人员队伍素质有待提升。"散、小、弱"的粮食行业不仅无法最大程度上激发粮食市场活力，同时也不能适应现代粮食商品流通的发展要求，制约了其收储供应能力的提升。因此，对于粮食行业而言，结构优化是目前一大任务。创新活力的不足在一定程度上受到了人员队伍素质的制约，过去粮食行业属于传统意义上的"铁饭碗"，加之当初对科技要求不高，需求以人力为主，吸收了大量劳动力进入粮食行业。随着科技水平和对粮食安全要求的不断提高，老一辈粮食人已逐渐不能适应新形势，加之经济发展，粮食行业对人才特别是高级人才的吸引力大不如前，人员结构问题越发明显，制约了粮食行业的生存和发展。

（3）新闻企业信息

1）公司简介。 中粮集团有限公司是与新中国同龄的中央直属大型国有企业，中国农粮行业领军者，全球布局、全产业链的国际化大粮商。

中粮集团以农粮为核心主业，聚焦粮、油、糖、棉、肉、乳等品类，同时涉及食品、金融、地产领域。截至 2021 年年底，集团资产总额 6 860 亿元，2021 年度，集团整体营业总收入 6 649 亿元，利润总额 238 亿元。

中粮集团不断完善农粮主业资产布局，持续提升大宗农产品经营能力，促进农产品采购、储存、加工、运输和贸易环节上下游协同一体，以市场化的方式高效保障粮油供应。

在全球，中粮集团积极推动拓展海外布局，不断提升全球粮油物流仓储能力，保障国际供应链稳定，形成了遍及主产区和主销区的农产品贸易物流网络，从事谷物、油脂油料、糖、肉、棉花等大宗农产品采购、储存、加工、运输和贸易，在南美、黑海等全球粮食主产区和亚洲新兴市场间建立起稳定的粮食走廊。公司近一半营业收入来自海外，农产品全球年经营总量是中国年进口量的一倍以上。

在中国，中粮集团是大豆、小麦、玉米、食糖等农产品进出口的执行主体。年综合加工能力超过 9 500 万吨，为国人提供日常消费的主要农产品品类。目前，中粮集团是中国油脂加工行业领导者之一，大米、面粉和啤酒原料加工、贸易及销售在国内行业中均处于领先地位，是中国位居前列的棉花贸易商，规模、技术领先的玉米深加工企业，同时还是中国领先的全产业链肉类企业和乳制品供应商。

中粮集团是优质食品的生产者，优质品牌的创造者。"福临门""长城""蒙牛""酒鬼""中茶""家佳康"等品牌享誉中国市场，销售网点覆盖中国 90％以上的地级市。中国第一瓶干红、干白葡萄酒，新中国第一家国有茶叶公司都诞生于中粮集团，同时中粮集团还为可口可乐等全球知名食品饮料品牌提供装瓶及包装业务，举办中国历史悠久、规模宏大、影响深远的食品和酒类行业盛会——全国糖酒商品交易会，建立起专业的食品电子商务平台，服务人民美好生活。

以农粮食品产业链为依托，中粮集团为农业发展提供金融支持，发展信托、期货、保险、基金等金融业务链，产融结合、服务"三农"。

中粮集团助力城市升级与服务，业务覆盖购物中心、住宅、产业园区、酒店、写字楼等领域，其中商业地产品牌"大悦城"购物中心在 10 多个一线城市领跑中国新型百货业态。

中粮集团稳步推进国有资本投资公司改革，创新市场化体制机制，形成以核心产品为主线的 17 家专业化公司，分别是中粮国际、中粮贸易、中粮粮谷、中粮油脂、中粮生物科技、中粮糖业、中国纺织、中粮科工、中粮酒业、中粮可口可乐、中粮家佳康、中国茶叶、蒙牛乳业、我买网、中粮包装、中粮资本和大悦城控股。

作为投资控股企业，中粮集团旗下拥有 16 家上市公司，其中包括中国食品、中粮包装、蒙牛乳业、大悦城地产、中粮家佳康、福田实业、雅士利国际、现代牧业、中国圣牧 9 家香港上市公司，以及中粮糖业、妙可蓝多、中粮科技、大悦城控股、酒鬼酒、中粮资本、中粮科工 7 家内地上市公司。①

2）战略定位。 中粮集团以"忠良文化"为企业文化核心，要求员工以高境界开展专业化工作，以市场为导向，展现制度需求，在以人为本的环境下规范行为。中粮集团具有统一的价值观，具体可以体现在集团使命、集团愿景、集团战略和集团品牌理念等。集团使命是坚持以客户为中心，以经济效益为导向，通过为客户提供最丰富、有价值的食品，实现客户、股东和员工的利益最大化。集团愿景是引领粮食产品不断前行，提升行业地位。也就是说，未来的中粮集团将会不断提升行业水平，扩大市场占比，跻身行业前列。中粮集团的战略发展中，每个项目、每个业务都会通过商业模式来提升自己的市场占有率。集团品牌理念是自然之源，重塑你我。自然是人类的源泉，自然资源是中粮生存和生长的根基。

3）公司产品与服务。

A. 上游：粮油糖棉为核心主业，贸易全覆盖布局。中粮集团全产业链上游环节的专业化平台主要有中粮国际、中粮粮谷、中粮油脂、中粮饲料、中粮糖业和中粮贸易。产业链上游以粮、油、糖、棉的原料种植和加工贸易为主，所产的农产品覆盖了主要的农业作物和居民日常所需的食物油料，构建了种植、初加工、深加工、仓储、物流、销售为一体的贸易覆盖全国的布局，部分粮食产品的市场已经开拓至海外，网点遍布全球。上游油粮贸易专业化平台中，中粮国际是海外统一采购、调配、投资和发展平台，拥有成熟的大宗农产品经营模式和较强的贸易、资产管理能力，通过全球一体化网络布局，将农产品源源不断地运往世界各地，经营品类涵盖大豆、玉米、小麦、大麦、糖等。中粮粮谷业务涵盖大米、面粉和啤酒原料等，拥有较为完善的产业布局，具备一流的国内国外粮源掌控能力，产品销售网络遍布全国。中粮油脂是国内油脂

---

① 资料来源：中粮集团有限公司官网，关于中粮，http://www.cofco.com/cn/AboutCOFCO/。

行业领导者之一，主要从事大豆、菜籽、花生、棕榈油等油脂油料的加工、仓储、分销，生产并销售"福临门"食用油。中粮油脂旗下有 30 家生产企业，年油料加工能力 2 180 万吨，位列亚洲第一。中粮糖业的经营范围包括国内外制糖、食糖进口、港口炼糖、国内食糖销售及贸易、食糖仓储及物流、番茄加工业务等，是保障国内食糖供给的坚实支撑，具有完善的产业布局，拥有国内最大、世界第二的加工能力，主要生产及出口大包装番茄酱，并向上下游延伸，涉足农业和番茄制品、番茄保健品业务，构建了种子研发、种植、初加工、深加工、销售等为一体的番茄制品产业链。中粮贸易是小麦、玉米等重要农产品进出口的执行主体，是高效连接粮油生产者和粮油、饲料加工企业的桥梁和纽带，为中国农民提供优质的种植和收储服务，为加工企业提供稳定可靠的原料保障、技术支持，经营范围主要包括农业服务、食品原料及饲料原料的贸易、物流服务、粮食电商交易等领域，经营品种包括小麦、玉米及替代品、稻谷、杂粮杂豆、油料等。

B. 中游：茶酒肉食乳制品为辅，食品加工一体化网络。在中游食品加工平台，中粮集团涉足的商品有茶叶、酒类、饮料、乳制品、肉制品和巧克力等。拥有"长城""金帝""五谷道场""蒙牛"等知名品牌，具有较大的经营规模，具备一定的产品销售网络。中游的专业化子公司主要包括中国茶叶、中粮酒业、中可饮料、中粮肉食、蒙牛乳业、中粮生化等。其中，中国茶叶通过全产业链管控及"公司＋供应商＋农户"的运营模式控制优质茶叶资源，在福建、云南、湖南、广西等地建有加工基地，拥有先进的生产加工技术和设备，专业化程度高。公司拥有 1 300 多家专卖店及 35 000 多个零售终端，形成了遍布国内外市场的销售网络。公司经营的茶产品包括红茶、乌龙茶、花茶、白茶、六堡茶、普洱、黑茶、茶饮料等。中粮酒业经营范围主要包括葡萄酒、白酒和黄酒，拥有"长城"、"酒鬼"和"孔乙己"等知名品牌。中可饮料是中国区唯一一家中方控股的可口可乐装瓶集团，可口可乐全球十大装瓶集团之一，经营区域覆盖全国 81％的国土面积和 51％的人口。中粮肉食主要从事饲料生产、养殖、屠宰、肉制品生产及冷冻肉类产品进口与销售，垂直整合的业务模式覆盖了中国整个猪肉行业价值链。蒙牛乳业拥有亚洲最大的单体液态奶加工厂，产品远销新西兰、新加坡、蒙古、缅甸、柬埔寨等国家以及中国香港、中国澳门等地区。蒙牛积极开展全球研发布局，目前已与合作伙伴布局了位于美国、法国以及丹麦的三大研发中心，持续完善从"牧场到餐桌"的全产业链质量管理体系，从原料到成品再到经销的每个环节，全程记录存档，9 道工序，36 个监控点，105 项指标，全封闭监控生产，全流程动态检验。

C. 下游：配套商业地产、酒店等消费终端。在下游城市服务平台，中粮集团通过商场零售、酒店供应等方式，为上游的粮油贸易及食品加工产品提供了稳定的销售渠道，并且搭配农业金融服务链，通过大宗农产品期货交易，确保了物价稳定，推进了农业供应链的发展，同时为集团运作提供资本支持。下游城市服务平台主要有中粮置业、中粮地产、大悦城地产，现已通过横向整合更名为大悦城控股，实现了统一管理，整合了业务板块。大悦城控股前身深圳宝恒（集团）股份有限公司于 1993 年 10 月 8 日在深圳证券交易所上市，于 2005 年被中粮集团收购，更名为中粮地产（集团）股份有限公司，并于 2019 年年初完成重大资产重组，形成"A 控红筹"架构，旗下拥有在香港联合交易所上市的大悦城地产有限公司。大悦城控股坚持"双轮双核"的发展模式，以"持有＋销售"双轮驱动，稳健发展；以"产品＋服务"双核赋能，不断创造新的价值增长点。中粮资本主要从事期货、信托、产业基金、保险经纪等金融业务，为集团完善金融服务链。中粮期货一直保持着大宗农产品期货的市场领先地位，其大豆、豆油和白糖等品种持仓量长期处于交易所前五名。中粮信托建立农业食品企业生态圈，以供应链管理、土地流转信托、农业股权投资及消费信托为主要业务模式，打造农业金融的实业投行。龙江银行创新"惠农链"贷款、土地经营权抵押贷款、仓单融资、粮食银行等模式，推进农业供应链协调运转。中粮资本（香港）、深圳中粮商贸、中粮期货（国际）将通过跨境金融业务和跨境期货业务，提供一体化国际金融服务。至今，中粮集团已经成为以粮油食品贸易加工为主的多元化投资控股企业，涵盖了粮食贸易、食品加工、地产酒店及金融服务业，建立了国内外贯通的粮食贸易、分销、物流、加工体系，成为国际化的农业食品企业。

4.2.3　中粮集团战略行为与战略意图辨析

（1）实践目标

结合新闻材料和新闻背景，应用公司层战略理论，特别是公司战略选择理论，分析、判定新闻背后中粮集团的战略行为与战略意图。

（2）实践任务及要求

契合多元化发展的特殊性，分析影响多元化企业发展的关键因素及变化趋势，判定新闻中中粮集团参与 2022 金砖国家新工业革命展览会是否属于公司战略行为？其背后的战略意图是什么？

基于多元化战略分析视角，厘清中粮集团企业持续成长的逻辑。

分析中粮集团的业务组合管理能力，判定新闻中展示的公司行为和相关措施如何助力公司战略目标实现？

基于公司战略选择，分析、判断中粮集团在现有战略起点上的战略态势选择。

（3）实践组织方法及步骤

首先，4～5人组建团队，广泛查阅资料，结合新闻和背景材料完成实践任务。

其次，各组将实践任务完成结果整理为调研报告。

最后，展示、汇报，根据调研报告制作PPT展示和汇报，并回答其他小组的问题，进行答辩。

（4）实践时间

课中和课后灵活安排，两周内完成。

4.3　海吉星实时新闻分析

4.3.1　新闻材料[①]

深圳疫情防控全面升级，重点生活必需品供应情况备受市民关注。记者3月14日走访深圳海吉星、多家连锁商超时看到，各类蔬菜、肉类、鸡蛋、水果等生活物资供应丰富，货品充足。深圳农产品保供企业积极联系产地组织货源，加强保供能力。各大零售商家成倍加大备货量、补货频次，同时优化人手运力，保障线上线下供应渠道畅通。

"近段时间，每天蔬菜到货量约25吨，多来自云南和山东，货源充足，种类丰富。"14日上午10时许，记者走进深圳最大"菜篮子"海吉星看到，物流园内繁忙如昔，满载着菜心、包菜、辣椒、萝卜等各种新鲜蔬菜的大车小车川流不息。位于蔬菜交易B区的益佳晨蔬菜贸易行负责人邓博明，正忙着与前来进货的下游商户核对信息。

邓博明告诉记者，蔬菜的供应量确有一定增加。特别是13日晚，不少商超、生鲜店采购人员前来备货。目前公司已经协调蔬菜基地加大回运力度，确保能稳定充足地向深圳各大商超、生鲜平台等下游合作商家供货。

临近蔬菜B区，上千米长的车板交易区，一眼望去满是装着新鲜叶菜的泡沫箱，工人们忙着从刚抵达的货柜车上搬卸蔬菜，档主们快速地核算、转销，将一箱箱蔬菜发往全市的农贸市场、社区生鲜店、加工配送商户等。

"今天凌晨5点前共来了3 000件蔬菜，主要为云南和广东本地菜心，价格略有上涨。"一位张姓档主说，现在来货量很正常，供应不成问题，而且不少餐厅暂停堂食，供往该渠道的蔬菜量相应有所下降。

连日来，深农集团下属深圳海吉星紧急向市场各主产区及加工配送主力商

---

① 新闻来源：吴亚男，加大补货频次、确保人员投入，深圳特区报，2022年3月15日。

户发起号召，多方组织货源，加大蔬菜回运备货力度，同时主动对接全市70余家大型商超、电商平台、连锁生鲜企业等，确保沃尔玛、朴朴、钱大妈、美团等生鲜线上线下渠道供货充裕，价格稳定。

"上周市场每天蔬菜来货量维持在4 700～4 800吨，13日单日来货量超过5 500吨，菜量非常充足。重点监测的20个蔬菜单品整体均价为5.2元/千克，与前一日持平。"深圳海吉星副总经理雷宇介绍，海吉星有80多个合作基地，超过13万亩种植区，可以调配1万吨蔬菜。此外还可从周边市场应急调拨，24小时可以保证5 000吨货物抵运。据了解，深农集团依托全国布局的市场优势，加强各地市场互联互通，不断织密"海吉星一张网"。目前，深圳海吉星已联合长沙海吉星、惠州海吉星等邻近省市的市场建立联保调控机制，紧急时刻可随时调动支援深圳市场供应。

4.3.2　企业新闻背景①

深圳市农产品股份有限公司近年来提出并倡导"绿色交易"，全面实施"海吉星计划"，打造农产品批发市场高端品牌，全力推进我国农产品物流产业的转型升级发展。2014年，海吉星实现年度总交易量超过3 162万吨，年度总交易额超过2 800亿元，占全国亿元以上农产品批发市场交易额近1/15。

海吉星交易额主要由五大部分构成，分别是粮油副食交易、蔬菜交易、水果交易、水产交易和肉类交易。其中占交易额最大的部分是肉类交易，占到了总交易额的27%，最少的是蔬菜交易，占到了总交易额的17%。

与传统农副产品市场比较，海吉星位列我国创新前沿。海吉星建设的农产品交易平台，高效运用现代信息传递，支持销地市场的送货上门服务。农产品的电子商务、配送中心、拍卖中心是农产品流通更加高效、快捷的主要因素。海吉星建立了农产品拍卖的新方式，极大提升了农产品的交易规模及档次。经多年的试运行，海吉星在农产品拍卖上积累了丰富的经验，已经建立了一套既符合国际标准又符合我国国情的拍卖方式，辐射全国的几十个农产品生产基地。海吉星建立了农产品电子商务平台。海吉星电子商务平台属于电子信息系统中的一部分，是以电子结算这一核心系统来实现的，电子商务平台不仅在实现交易的过程中扮演着重要角色，而且实现了进出场车辆电子收费、店铺租赁费、市场管理费、水电费等费用的一卡式缴纳，可有效减少因人为失误造成的

---

① 资料来源：李禹龙，农产品电商综合物流配送模式研究——以广西海吉星电商综合配送模式为例，农村经济与科技，2018年6期，68-69页；张凤达，深圳海吉星农产品销售平台的设计与实现，西南交通大学硕士学位论文，2019年。

漏收、错收等情况，提升了工作效率，方便了客户管理，更节约了流通时间。

（1）宏观环境感知

1）政策法律法规。 经过多年发展，我国在农产品质量安全管理方面的法律法规建设取得了重大突破。2006 年《中华人民共和国农产品质量安全法》的出台，标志着我国农产品管理由以前的数量调整为主转变为现在的注重调整质量。随后，针对农产品产地环境管理、生产管理、销售管理、质量安全监督管理等方面，我国又陆续出台了一系列法律法规，如《农产品产地安全管理办法》《农产品包装和标识管理办法》《兽药管理条例》《农药管理条例》等。至此以《中华人民共和国农产品质量安全法》为基本法的农产品质量安全法律体系基本建成，我国农产品质量安全监管进入有法可依阶段，推动质量安全管理进入法制化阶段。

随着批发市场的起步，我国对批发市场的法制管理也进行了积极探索。在批发市场发展初期，1992 年国家工商行政管理局发布《关于加快培育、发展农副产品批发市场、工业品专业市场和生产资料市场的意见》，指出在法制建设工作尚不能适应需要的情况下，工商行政管理系统要充分发挥自身的主观能动性，通过企业登记、经济合同管理等加强对农副产品批发市场的监督管理工作。随后，1996 年发布的《水产品批发市场管理办法》，从批发市场的开办变更和终止、交易与管理、监督管理 3 个层面进行了相关准则的制定，为水产品批发市场的管理工作提供了法律基础。经过几年的探索，我国在 2004 年出台了《农产品批发市场管理技术规范》，该规范适用于各种类型（如水产品、水果、蔬菜）农产品批发市场的申请设立或运营中的农产品批发市场，对农产品批发市场的经营环境、经营设施设备及经营管理作出了细致具体的要求。随后，2008 年商务部为贯彻落实国务院关于加强食品安全工作的有关精神，指导农产品批发市场加强食品安全管理，规范农产品批发市场食品安全操作行为，制定了《农产品批发市场食品安全操作规范（试行）》，此文件对于农产品批发市场的质量安全管理具有重大意义。

2004 年，《国务院关于进一步加强食品安全工作的决定》指出"农业部门负责初级农产品生产环节的监管；质检部门负责食品生产加工环节的监管，将现由卫生部门承担的食品生产加工环节的卫生监管职责划归质检部门；工商部门负责食品流通环节的监管；卫生部门负责餐饮业和食堂等消费环节的监管；食品药品监管部门负责对食品安全的综合监督、组织协调和依法组织查处重大事故。"由此，我国形成了"分段监管为主、品种监管为辅"的农产品质量安全管理模式。2013 年，十二届全国人大一次会议审议通过了《国务院机构改革和职能转变方案》，明确了食品安全监管主要由农业、食药两部门负责，规定农业部门负责农产品质量安全监督管理，将商务部的生猪定点屠宰监督管理职责划入农业部。《国务院关于地方改革完善食品药品监督管理体制的指导意见》指出各地可参照国家有关部门对食用农产品监管职责分工方式，按照无缝衔接的原则，合理划分食品药品监管部门和农业部门的监管边界。2018 年，十三届全国人大一次会议审议了国务院机构改革方案，根据最新的规定，组建农业农村部，不再保留农业部。目前，我国建立了中央到县的质量安全监督管理机构体系，在中央，由国务院下设的农业农村部和国务院直属的国家市场监督管理总局两个部门负责；在地方上，省、市、县级按照中央的组织方式进行相应的机构设置。因为在对批发市场的监管中，出现了两个部门多头管理，所以政府在权责清单中对两个部门的责任作出了明确的规定。

2）经济环境。我国批发市场经过 30 多年的发展，目前已进入质量提升为主的阶段。根据《中国统计年鉴（2016）》的数据，2015 年我国农产品批发市场的数量为 5 072 个，其中有 979 个市场的交易额超过亿元。《中国农产品批发市场年鉴（2017）》的数据显示，2016 年全国农产品批发市场交易总额度为 4.7 万亿元，同比增长了 8.8%，交易量达 8.5 亿吨。批发市场的交易规模不断扩大，农产品批发市场几乎覆盖了我国的所有城市和农产品主产区，它的发展不仅促进了全国范围内"大市场"的形成，而且改变了农业生产的发展方向，使其向着规模化、专业化和商品化发展。

3）社会文化环境。随着人民生活水平的提高，温饱不再是人民对农贸产品的主要需求。人们对蔬菜、水果和水产品的需求日益提高，其次是肉类、食用菌、禽蛋和奶类。中国人民的饮食消费结构，都向绿色和高营养价值的农产品靠拢，而不是停留于之前求温饱的饮食结构上。居民食品消费支出呈不断增长趋势，但作为居民生活必需品的粮食需求却呈现下滑趋势。非粮食食品的需求普遍上升可看出人们正逐渐用非粮食食品代替曾经的温饱食品。城镇的人均粮食消费明显低于农村，而城镇非粮食食品的人均消费却明显高于农村，特别是奶类和水产品等营养价值较高的食品。消费者的食品偏好正发生着巨大的变化，人们对优质食品的需求增加，也势必会对冷链农产品的质量有更高的要求，即人们在对冷链农产品需求增加的同时，会更侧重于要求冷链农产品的质量。

4）技术环境。随着综合技术实力的不断提升，我国在保质保鲜技术上也不断创新。冷链的含义为一系列采用先进的制冷保鲜技术和设施设备，使生鲜、易腐食品从生产、运输、销售各环节保持一定的新鲜程度，能够最大限度地保证农产品品质和安全，减少损耗、防止污染的特殊供应链系统。大量批发市场均具有综合化、一体化的冷链物流服务体系，蔬菜、畜禽肉类、水果等交易区都配置了专用的预冷库及冷藏库。

市场功能的优化升级推进了我国农产品批发市场的信息化需求。根据农产品批发市场的基本功能，可将农产品批发市场信息系统分为操作系统的信息支持系统、业务系统的信息支持系统和管理系统的信息支持系统。其中与质量安全紧密相关的是管理系统的信息支持系统，包括物流管理信息系统等。物流管理信息系统是指物流系统中进行物流信息处理的管理子系统。它收集、存储和加工处理系统内外的信息，将有用的信息以表格、文件、图形等形式输出，从而有利于管理人员利用相关信息开展物流活动并对各作业子系统的正常运作进行有效管理。物流管理信息系统的应用可以减少配送环节、缩短配送距离，充分提高配货的效率和准确度，从而减少在批发市场环节的产品损耗，保证农产品的质量。

农药残留检测技术对农产品质量安全发挥着至关重要的作用，是保障农产品质量安全的重要技术手段和基础。过去检验农残多用生化测定法，该方法因成本较为低廉，操作简单，对检测人员的技术要求较低，其检验结果精密度也较低。随着批发市场的发展，对质量安全检测精密度、准确度的要求不断提高，色谱检测法的应用逐渐普及，色谱检测法主要包括超临界流体色谱法、高效液相色谱法、色谱质谱联用法、气相色谱法等。它既能够进行定性检测，又能够进行定量检测，但对检验人员要求较高，仪器也较为贵重，以此原理制作的如气相色谱仪、液相色谱仪等检测设备在批发市场中得到广泛使用。

（2）行业环境探究

近年来，农产品批发市场发展速度较快，无论从建设规模、硬件设施、配套服务，还是管理水平、市场规范程度等方面，都取得了较快发展。但从总体发展状况分析，农产品批发市场基础设施和管理水平呈现较大差异，既有像北京新发地农产品批发市场这样与国际接轨的现代交易市场，也有设施简陋的传统市场。

1）建设和管理水平分析。 研究资料显示，当前我国多数农产品批发市场仍为露天交易，服务功能上多以提供交易场地为主，物流配送仍处于自发阶段，仅大型一级批发市场提供加工、冷藏等相应服务。部分一级批发市场呈现出了较好的发展趋势：一是建立了农产品检测中心，如北京新发地农产品批发市场、山东寿光农产品物流园等在农产品质量检测方面与有关部门合作建立了第三方检测中心。农产品检测中心由批发市场具体运营，并与政府部门合作，出具最终检测报告（一般是在农产品上市前进行初检，如发现问题将会立即封存，不予上市交易）。二是批发市场向产地和最终销售两端进行延伸。北京新发地、山东寿光都建立了生产基地或与产地合作建立产销同盟，以减少对天气或产量的依赖，增强自主控制能力，保障市场供给。三是设立了市场准入条件，例如烟台汇景、北京新发地对进驻批发商设立了较为明确的入驻门槛，以达到一定规模的交易量作为进入条件，通过逐渐减少批发商数量，实现规模化和集中化，提高运营效率和管理效率。

2）收费标准分析。我国尚未以法律形式明确农产品批发市场的公益性地位，一定程度上无法保障其公益职能的有效发挥。而现有的农产品批发市场都以企业化方式运作，大部分由民营投资或村集体所有，有追求利润的内在动力，即便是由国资控股的批发市场（例如深圳海吉星、北京八里桥市场）也都将盈利利润指标作为考核标准。因此要保证农产品批发市场公益职能的发挥与其利润最大化目标的相互平衡，政府须切实承担起对其公益性职能的支持责任。虽然近几年国家和一些地方政府出台了相关政策，加大了扶持力度，积极投入支持资金推动农产品批发市场升级改造，但是仍未能在法律层面和政府考核国有企业的制度层面进行完善和调整，因此依然无法有效发挥农产品批发市场的公益职能，也使其在保障食品安全、改善经营环境等方面缺乏动力。农产品批发市场直接相关的法律法规建设滞后，尚未出台法律法规确立农产品批发市场的交易规则，这直接影响了农产品批发市场功能的发挥及市场秩序的规范，造成一些批发市场存在收费混乱的情况。目前，一些批发市场名义上仅收取交易费（一般为交易额的 2%），也有的批发市场仅收取摊位费（南北方交易习惯有差别，南方多收取摊位费，北方则多收取交易费），而且无论是实地调研还是文献资料统计，均表明目前各批发市场的收费在农产品价格中所占的比重都低于 5%，像深圳海吉星的收费甚至不到 2%。但是批发市场在其所在区域多具有一定的垄断性，市场中摊位的位置对业主经营效益有直接影响，某些市场对地理位置好的摊位进行招标、拍卖，导致其价格远远高出交易费，也就造成了所谓的"收费高"现象。此外，一些农产品批发市场对各项服务设施、服务功能等也进行多种类别的收费，加重了经营者负担，进而推高了农产品最终销售价格。另外，还存在经营者相互间压价和倾销等现象，市场竞争无序，对批发市场的规范运作有着负面影响。

3）农产品质量安全分析。农产品质量安全检验覆盖范围有限。只有具有较大规模和影响的一级销地批发市场才能够对上市商品进行检验；中小规模的批发市场因资金、人力以及设备所限，无力对商品进行检验，使得农产品质量检测未能实现全覆盖，有不少上市销售的鲜活农产品没有经过质量安全检测，存在较大漏洞。农产品质量安全检测的场地、人员以及各类运营成本都由所在的批发市场承担，加重了其运营负担。虽然像深圳海吉星、山东寿光物流园等都建立了第三方检测机构，但是其日常运营支出，包括检测样本费用、人员工资等，均由批发市场承担。还有一些批发市场的检测机构为当地农业农村局派驻机构，场地由批发市场提供，其他费用由双方共同承担。由于农产品质量安全检测费用较高，为降低成本，农产品批发市场往往会减少检验人员、减小检测规模，使质量安全检测的范围和品种都较为有限，而且难以实行抽检。农产品质量安全责任主体不清晰，《中华人民共和国农产品质量安全法》规定农产品批发市场对场内农产品承担质量安全责任，换言之，如果批发商经营的农产品出现质量安全问题，批发市场需要承担责任。实际上，批发市场是销售集散地，不是直接经营者，其功能是提供经营场地，规范市场交易秩序和行为，批发市场难以控制批发商的进货来源及质量。仅依靠批发市场对农产品进行上市前的质量安全检测，只能是限制相关批发商入场或封存、禁止销售有问题的产品，很难让批发商承担责任，更无法倒逼生产环节注重质量安全，建立产销一体化的质量检测体系。

（3）新闻企业信息

1）公司简介。深圳海吉星国际农产品物流园（以下简称"深圳海吉星"）由深圳国有上市公司深圳市农产品集团股份有限公司（以下简称"深农集团"）投资建设，由深农集团旗下全资子公司深圳市海吉星国际农产品物流管理有限公司运营管理，是深圳市政府规划的唯一的一级农产品批发市场，是深圳市重点农业龙头企业。项目占地面积 30.3 万米^2，规划建筑面积 82 万米^2，投资总额 20 亿元。

深圳海吉星项目引入国际化的规划设计理念，已成为我国农产品批发市场行业升级改造的样板和深圳农产品物流枢纽中心，为深港两地 2 500 万人口的"菜篮子"供应提供重要保障，起到平抑价格、促进农产品流通、保障食品安全、促进食品进出口贸易增长、推广进口食品平价消费、带动农业及相关产业发展、促进就业的作用，并且为政府决策提供精确的数据支持，成为深圳农产品流通产业转型升级的典范。

深圳海吉星于 2011 年 9 月 29 日正式启用，经过数年的精心培育，蔬菜、冻品、水果、干货等交易区已全面运营，并形成了购销两旺的良好局面，日均总交易量超过万吨，深圳海吉星现阶段有来自全国各地的经销商 3 000 多家，汇集全国及世界各地的数万种农副产品，年交易量 380 万吨，年交易额 280 亿元，较好地满足了深港两地居民的菜篮子所需。

2）战略定位。深圳海吉星作为中国第三代转型升级批发市场，以诚信、安全、责任、高效、环保的"绿色交易"理念作为批发市场转型升级的指导核心，以构建食品安全管理体系、打造现代物流配送网络为战略重点，引进效率优先的现代物流理念和先进的规划设计，应用高效率的物流组织。深圳海吉星广泛和创新性应用电子信息技术，大力发展电子化可追溯交易模式并创新盈利模式；落实全方位的食品安全质量和卫生保障措施，在行业内首家引进第三方检测中心独立开展检测，并应用食品安全管理系统加强风险管理；践行绿色环保和可持续发展的理念，建设节能减排的环保设施，加快提升批发市场的循环经济能力。深圳海吉星是一家通过全面的信息支持新模式、高效的管理交易新模式、绿色的能源利用新模式打造的安全型、信息型、物流型、服务型、低碳型为一体的绿色市场。

3）公司产品与服务。 海吉星的主要业务为批发市场的经营管理，其触角延伸至湖南、广西等多地，经营品类以生鲜农副产品为主，根据当地农产品生产销售特点略有不同。图4-2为深圳海吉星主要经营内容和空间布局。

区域		经营品类	位置
干货	C1区	烟酒、副食（开心果、红枣、碧根果、桃仁等干果）、饮料、粮油、百货	5、6栋二楼
	C2区	烟酒、饮料、滋补品、南北特产、佐餐调料	
	C3区	佐餐调料、粮油、蛋品、南北特产	
	C4区	佐餐调料、日用百货、南北特产、包装材料、副食	
	C5区、C6区	烟酒、副食、饮料、滋补品、南北特产、佐餐调料、粮油、日用百货、各类茶	3栋一至二楼
茶叶区	F1区、F2区	各类茶叶、茶具	6栋三楼
水果区	A1区、A2区（第六街）	北果（苹果、梨子、桃、葡萄、石榴、枣、樱桃等）	5、6栋一楼（园区入口下斜坡左侧）
	A2区（第二、第四街）	进口果（车厘子、奇异果、榴莲、澳橙、牛油果、蛇果、山竹、加力果等）	
	A3（第七街）长贩区	火龙果、哈密瓜和葡萄等品类	
	A4区	南果（杨桃、番石榴、莲雾、山竹、火龙果、橙子、柑橘、柚子等）	
	A5区	西瓜、菠萝、甘蔗	
蔬菜区	B1区	精品菜	园区入口下斜坡一楼左侧
	B2区	硬口菜	
	B3区、B5区	精包装菜	
	B4区、B6区	普通菜	
冻品区	D1区	海产品、综合冻品、深加工肉制品	园区入口下斜坡一楼左侧
	D2区	综合冻品（冻水饺、丸子、烧烤副产品等）	

图4-2　深圳海吉星主要经营内容和空间布局

4.3.3　海吉星战略行为与战略意图辨析

（1）实践目标

结合新闻材料和新闻背景，应用战略实施理论，特别是战略资源配置理论，分析、判定新闻背后海吉星的战略行为与战略意图。

（2）实践任务及要求

基于给定资料与自行查阅资料，判定新闻中海吉星在疫情防控期间的积极举措属于哪种公司战略资源配置方式？背后的战略意图是什么？

基于海吉星战略实施的视角，分析新闻中的公司行为如何为战略目标实现提供有效的支持和保障。

结合海吉星战略定位，分析说明新闻中展示的公司行为和相关措施如何助力公司战略目标实现？

基于战略控制过程，分析、判断海吉星在新闻中的行为是否需要纠偏或调整。

（3）实践组织方法及步骤

首先，4～5 人组建团队，广泛查阅资料，结合新闻和背景材料完成实践任务。

其次，各组将实践任务完成结果整理为调研报告。

最后，展示、汇报，根据调研报告制作 PPT 展示和汇报，并回答其他小组的问题，进行答辩。

（4）实践时间

课中和课后灵活安排，两周内完成。

4.4　温氏集团实时新闻分析

4.4.1　新闻材料[①]

"近几年，温氏集团加大环保投入，推动畜禽粪污减排增效、种养循环、绿色低碳等核心技术攻关。"温氏集团董事长温志芬说。4 月 10 日，种养循环绿色技术产业化研讨会通过线上形式召开，这是一场汇聚"政产学研用"多方力量的重量级研讨会，聚焦成果交流、形势研判，研讨支持政策。

会上，温志芬介绍，为响应国家发展绿色低碳循环农业的政策要求，温氏

---

① 　新闻来源：刘鑫，攻关绿色种养核心技术，温氏集团推行五大模式，南方农村报，2022 年月 13 日。

在北方、华南、华东等区域因地制宜推行五类种养循环模式。"十三五"期间，温氏环保资金投入超 36 亿元。

2021 年 10 月，国务院印发《2030 年前碳达峰行动方案》，提出推进农业农村减排固碳，大力发展绿色低碳循环农业，加强畜禽粪污资源化利用。早在 2020 年，我国便提出力争 2030 年前实现碳达峰、2060 年前实现碳中和的政策目标，而种养循环是"双碳"背景下畜牧业实现绿色转型及高质量发展的重要路径。

"近年来，国家和地方加大力度推进养殖废弃物的资源化利用，取得了显著成效。"温氏集团研究院执行总经理廖新俤谈到。在国家财政资金及相关项目的支持下，各地对粪便资源化利用率、设施设备配套率的关注度提高，养殖企业资源化利用的意识明显增强。

加强畜禽粪污资源化利用，发展种养循环可增加土壤碳汇。廖新俤表示，2020 年，温氏集团通过总结 2017 年以来的畜禽粪污资源化利用试点经验，发布《关于规范推进畜禽粪污资源化利用的指导意见》，加快推进集团畜禽粪污资源化利用工作。

温志芬介绍，目前温氏种养循环模式应用主要分为"猪-沼-粮"、"猪-沼-草"、"猪-沼-菜"、"猪-肥、水-粮"及肥水就近就地还田利用五种类型。

首先，在北方连片种植区域，温氏打造以沼液种植玉米、小麦等大田作物的"猪-沼-粮"模式，推广面积约 14.5 万亩；在南方丘陵区域、华东和中部区域分别探索以沼液种植高产牧草的"猪-沼-草"模式和以粪肥种植空心菜、水芹菜等经济作物的"猪-沼-菜"模式。

其次，针对华南区域、长江流域，在畜禽养殖废水高效处理后，通过养分水分回用构建"猪-肥、水-粮"模式，推广面积约 4 万亩。

再者，对于合作家庭农场，温氏推进以粪水无害化处理后就近就地还田利用的种养结合模式，推广面积约 70 万亩。

据了解，为推动畜禽粪污资源化利用装备化、种养循环产业化与专业化，近年来温氏发挥龙头企业带头作用，积极参与产业园建设及畜禽粪污资源化利用整县推进项目。

截至目前，温氏集团及下属公司共参与建设国家级现代农业产业园 1 个、省级现代农业产业园 6 个，近 3 年参与建设的畜禽粪污资源化利用整县推进项目累计达 16 个，均取得显著成效。

强大的科研实力是温氏推进种养循环研发落地的重要支撑。"公司建立了畜禽粪污资源化利用技术规范、种养数据库、沼液（肥水）消纳配套土地面积测算及安全还田技术标准，开发了猪场粪污安全消纳配套土地面积及承载力快捷测算软件、种养循环物联网平台,逐步构建依托饲料原料需求的种养循环闭环模式。同时,公司正在启动建立养殖场区域性碳排放权开发和碳交易试点,建立温氏股份养殖业碳排放核算管理体系。"温志芬说。

在环境生态领域,目前温氏拥有广东省畜禽健康养殖与环境控制重点实验室、广东省畜禽废弃物处理与资源化利用工程技术研究中心等研发中心,近几年绿色种养领域研发经费超 6 000 万元,累计获得 350 余项环保技术专利,"畜禽粪便污染监测核算方法和减排增效关键技术研发与应用"和"有机固体废弃物资源化与能源化综合利用系列技术及应用"均获得国家科技进步二等奖。

有序推进种养循环须及时打通堵点。在温志芬看来,当前种养循环存在三大难题。其一,畜禽粪污资源化利用、发展绿色低碳循环农业受土地资源的制约,尤其是在南方人口密集地区。其二,粪肥还田利用关键设施设备研发与推广不足,施肥成本高,劳动强度大,且使用粪肥的农产品提质未提价,导致农户使用粪肥的积极性不高。其三,个别地方将畜禽粪污资源化利用当作企业的排污行为,要求达到农田灌溉水质标准才能还田利用,如此不仅导致粪肥养分损失,也大大加重企业的成本负担。

为此,温志芬呼吁,国家在发展种养循环、资源化利用、绿色低碳方面应给予养殖主体更多的政策支持,如解决还田利用土地问题、加大畜禽粪污处理利用的农机购置补贴和设施建设补贴的力度。他还建议,通过开展农产品分级认定、建立优质优价的农产品定价机制,让使用粪肥、有机肥的农产品卖出好价格,提高农户使用粪肥的积极性。

此外,加强畜禽粪污资源化利用,推动种养循环及农业高质量发展离不开政府、企业、高校等主体的交流合作。"应当大力支持搭建'政产学研用'科技平台,加强宣传与培训,积极营造全社会协同推动畜禽粪污资源化利用的良好氛围。"温志芬说。

4.4.2　企业新闻背景[①]

(1) 宏观环境感知

温氏股份(即温氏集团)最初来源于 1983 年的簕竹畜牧联营公司,由温北英、温鹏程等人通过"七户八股"的形式集资 8 000 元创办,自 1986 年开

① 资料来源:李辉霞,价值链视角下的温氏集团盈利模式研究,广东财经大学硕士学位论文,2020 年;温小军,温氏"公司+农户"经营模式的调查与分析,仲恺农业工程学院硕士学位论文,2016 年。

始与农户合作养殖，创立了"公司＋农户"的发展模式。2012年温氏由公司制变更为股份有限公司并于2015年在深交所挂牌上市，如今已成为市值超1 300亿元的全国500强企业。温氏股份现已发展成一家以畜禽养殖为主业、配套相关业务的跨地区全产业链现代农牧企业集团，连续八次通过检测成为我国农业产业化国家重点龙头企业。温氏股份是全国规模最大的肉鸡养殖企业之一、黄羽肉鸡产业化供应基地和国家肉鸡HACCP生产示范基地，同时也是全国规模最大的种猪育种和肉猪养殖企业之一，为国家瘦肉型猪生产技术示范基地、无公害肉猪生产基地和国家瘦肉型猪良种工程示范基地。肉鸡、生猪养殖是公司的主要业务，多年来温氏对内实行股份合作制，对外与农户进行合作，合作方式从最初松散的合作发展到以紧密型"公司＋农户（或家庭农场）"为核心发展养殖。从最初的簕竹鸡场，发展到如今的养鸡、养猪业务，温氏模式已经覆盖了全国20多个省（自治区、直辖市），子公司和控股公司遍布全国，从1986年带动5户农户到如今带动4.37万户合作家庭农场（其中养鸡户和养猪户的户数比值约为1.6）和4.93万名员工走上发家致富的道路。"公司＋农户（家庭农场）"的温氏模式早已遍地开花，成为农业产业化发展的成功经典案例。

1）政策法律法规。党中央提出了"中国梦"的伟大战略构想，农村的发展无疑是现代化进程中的重大艰巨任务。如何协调城乡发展、以城市带动农村，如何控制城乡差距拉大，怎样以工促农、扩大农产品市场需求，是解决"三农"问题、全面实现中国梦的重大问题。2016年国家发改委、农业部等有关单位陆陆续续地发布了多项农业政策，如良种补贴政策，中央财政安排农作物良种补贴资金高达203.5亿元；农机购置补贴政策，该项政策在全国所有农牧业县（场）范围内实施，补贴机具种类齐全，分11类大项，43类小项，涵盖137个品目；新型农业经营主体倾斜政策，该政策补贴资金达234亿元，重点向专业大户、家庭农场和农民合作社倾斜；培养农村实用人才政策，全国遴选10名优秀高素质农民代表，授予"全国十佳农民"称号，并每人给予5万元的资金奖励；扶持生态农庄、家庭农场发展政策，此项政策能有效推动落实涉农建设项目，制定财政补贴、税收优惠，增加资金的信贷支持与担保。上述几项政策只是国家农业发展政策的其中几项，因此可见，国家为实现农业现代化，解决"三农"问题的决心，为农业市场发展所做出的实际行动。

当前农民问题是造成贫富差距的主要问题之一，发展畜牧业是增加农民收入、缩小贫富差距的重要途径。农业产业化不仅是改革小农经济的生产方式，而且大大提高了农业生产效率，带动农民致富奔小康。走农业产业化道路已从政策角度上升为我国农业现代化的正确发展方向。温氏集团是全国首批151家农业产业化重点龙头企业之一,采用"公司＋农户""产供销一条龙""科工贸"一体化的农业产业化经营模式,一大批和温氏集团合作的农户逐步走上了富裕之路。温氏集团的产业化经营模式,不仅提高了农业生产效率,而且增加了农民收入,缩小了贫富差距,符合国家的产业政策,具有良好的发展前景。

2) 经济环境。 从目前我国经济增长的中长期特点来看,我国的经济运行具有一定的周期性。根据中国人民大学顾海兵教授的研究,我国 GDP 增长率的变动周期较长,大约在 10～12 年。且我国经济总量不断扩大,中央政府掌握相当的经济和政治资源以及政府宏观调控能力不断加强使我国经济大波动的机会逐渐降低。经济增长方式的转变在一定程度上压低了经济的增长速度。我国此前的经济增长方式主要是高投入、高消耗的粗放型经济增长,这种增长方式需要大量的资源,不可能长期保持。经济增长必须依靠生产要素质量和使用效率的提高,通过要素的优化组合、技术进步提高劳动者素质以及增加资金、设备、原材料的利用率等实现经济增长,变粗放型的经济增长为集约型的经济增长。增长方式的转变会带来一定程度上增长速度的降低,但影响不会很大。我国经济在未来一段时期是比较稳定的,具有较强的可维持性。

3) 社会文化环境。 随着社会的发展、经济收入的增加、生活水平的提高,人们的消费观念发生了较大的变化,越来越多地关心生活品质。从饮食结构来看,人们对高蛋白的肉类食品需求日增,优质型的鸡肉、猪肉销量越来越大。从生活习俗上,长江以南尤其是华南地区的消费者,烹饪讲究色香味,不习惯吃生冷、冰冻食物。吃鸡特别讲究,一般都是现选、现宰、现烹,以保证鸡肉的清香嫩滑、原汁原味,产品市场以活鸡为主,鸡肉加工产品很少;相反,北方人吃鸡以煎、炒、烧为主,强调香浓的口感,因此,低价的快大型肉鸡反而更受北方肉鸡消费市场的欢迎。今后人们更加注重食品的安全卫生,加工好的肉食品有利于质量管理,烹饪方便快捷,因此,将会越来越受到人们的欢迎。

4) 技术环境。 对于肉鸡、肉猪的养殖来说,关键技术在于瘦肉型猪和优质肉鸡的品种选育、饲料营养、疾病防治、环境控制、饲养管理等。育种方面,应用分子育种和数量遗传理论,采用分子标记和计算机辅助育种技术,优选和培育高效瘦肉型种猪和优质种鸡及其配套系。饲料营养方面,综合运用现代家禽营养学、动物生理学,研究肉鸡和肉猪在不同生长阶段的生长性能;随着营养学理论研究的不断发展,对肉鸡和肉猪的营养研究也会不断深入,料肉比不断下降。疾病防治水平的高低直接影响养殖行业的效益,禽流感、链球菌、口蹄疫、水肿病、猪瘟、伪狂犬病、寄生虫病等疾病是畜禽的常见病。目前,防治疾病主要是做好免疫,加强饲养环境控制,从而提高肉猪、肉鸡的上市率。生物技术的不断进步促进了养殖行业关键技术水平的提高、疾病防疫技术的进步，利于降低行业风险。目前温氏集团的关键养殖技术水平处于全行业的前列，对降低生产经营成本发挥了很重要的作用。

（2）行业环境探究

1）畜牧行业的现状。畜牧业是我国的传统产业，占农业生产总值的比重超过30％，我国是世界养殖大国。改革开放以来，我国养殖业取得了世界瞩目的成就。随着经济体制改革的不断深入，我国的养殖行业将经历一场深层次的变革，它不但要消化饲料价格上涨、饲养和管理成本加大、动物产品价格波动大等不利因素，还必须迎合市场对动物产品卫生、安全、营养、风味、价格等多方面的需求，从而赢得人们对肉食品的信心。目前，制约我国畜牧业发展的主要问题有以下两个方面。其一，畜牧业生产的产业化程度低。一直以来，与养殖大国地位极不相称的是，我国饲养畜禽的生产方式还较为落后，农村是最薄弱的地方。人、禽、畜"同在一个屋檐下"的现象相当普遍，畜禽养殖缺乏严格的生物安全体系，这无疑会造成疾病出现和传播的巨大隐患。其二，畜牧业生产的科学技术研究落后，特别是适合产业化生产实用科学技术的研究和应用滞后。科技是第一生产力，对提高企业的竞争力起到关键的作用。过去，我国畜牧生产以单家独户的小规模生产为主，或作为一种副业生产，对科技的需求并不强烈，科技的应用也就失去了基础，这也是我国畜牧业生产技术落后的根本原因。畜牧业生产技术主要包括育种技术、营养需要和饲料配方技术、疫病防治技术、饲养管理技术、产品安全卫生控制技术以及生产环境保护技术等。所有这些都是支撑产业化生产的关键配套技术，也是畜牧业可持续发展的核心技术。在育种技术方面，我国对肉猪和肉鸡的育种技术研究，特别是先进技术的应用与国外相比有相当大的差距。首先，育种新技术的研究，如BLUP育种值估计技术，分子辅助选择技术，疾病净化和抗病育种技术等研究相对落后；其次，商业育种的育种基础条件建设，育种基础群的规模，育种群的选择性，育种群的育种保证体系（疾病控制和净化，饲养条件的稳定等）建设，以及常规育种技术的应用与国外相比也有很大的差距。在营养需要和饲料配方技术方面，我国对鸡猪的营养需要和饲料配方技术的研究也相对落后，大部分参数是国外的研究结果，特别是我国优质肉鸡由于品种的生产性能与国外快大型肉鸡相差很大，饲养方式不同，其对营养成分的需求与国外品种有很大的差异，但恰恰关于这方面的研究较薄弱。另外在高效非营养添加剂的研究和应用方面也相对落后。其他畜牧业生产技术与欧美发达国家相比，研究和应用水平也有相当的差距。

2）畜牧行业的发展。我国是世界人口大国，畜牧产品市场广阔，增长潜力巨大，畜牧业面临新的发展契机。禽类产品和肉猪产品属于日常消费的生活必需品，随着人民生活水平的不断提高和经济收入的增长，我国人民已从碳水化合物为主的低蛋白饮食结构向以肉、蛋为主的高蛋白高营养饮食结构转变。按照我国人民的饮食习惯，肉类主要以猪肉和鸡肉为主，对此类产品的需求将会有相当大的增长。今后畜牧业发展的重点是推进优势畜禽产品区域布局，从比较优势原则出发，充分考虑各地不同的资源优势、产业结构特点和发展基础，集中力量在具有相对竞争优势的区域发展优势畜禽产品，尽快形成更大的生产规模、更强的市场竞争力和更高的经济效益，以带动整个产业的快速成长。当前，推进畜禽产品优质化，已成为畜牧业结构调整的主要方向和重要目标。而推进畜禽产品优质化进程，必须首先从良种抓起，从优化畜牧业内部的品种结构和品质结构入手，通过不断完善良种繁育体系，推动优势区域内畜禽产品生产的发展，进而推进畜牧业产业结构的优化和升级。

3）肉类食品加工业。 我国的畜牧业产业化形成了产前、产中相对较好，产后加工相对滞后的格局，畜禽产品加工业与发达国家相比存在较大差距。发达国家畜禽产品加工量占畜禽产品生产总量的比例高达 $60\%\sim70\%$，而我国肉类加工比例不到 10%。我国肉类加工企业数量少、规模小、设备落后、创新能力和经济实力有待提高，同时，还存在着加工深度不够、品种较少和优质高档品种比重低等问题。此外，在物流配送、保鲜包装、营销手段等方面，传统的方式仍占主导地位，没有形成现代化的经营体系。只有少数几家肉类加工企业的技术装备、生产规模以及经营管理方式等方面达到了世界先进或较为先进的水平，如双汇集团、德利斯集团、天津顺利及北京资源集团等。近两年来，肉类食品加工业显示出巨大的发展潜力。一方面，由于多次发生畜禽疾病事件，造成产品价格出现大幅度波动，使鲜活产品的价格在短期内明显下降，而屠宰加工是减少亏损的主要办法。另一方面，由于食品卫生问题，现在越来越多的大城市禁止活禽交易，政府也提倡冰鲜产品，华南区域消费者吃鸡的观念正逐步从活体鸡向生鲜冷冻鸡转移。从防止传染病的角度考虑，冻鸡与冰鲜鸡比活鸡更安全；而从口感的角度考虑，冰鲜鸡与活鸡比冻鸡口感更好。在肉质的种类结构上，冷鲜肉日渐为人们所接受，因其胴体经过了解僵、成熟过程，肉质细嫩柔软、口味新鲜，且汁液流失少，肉质的营养成分得以最大程度地保留。

4）动物保健品行业。 畜牧业的持续发展带动了动物保健品行业的发展。目前我国已拥有动物保健品生产企业 2 000 多家，兽药产值达 600 多亿元，形成了较为完整的兽药工业体系，具备了一定自主研发兽药的能力。近年来兽药生产企业的条件进一步改善，产品质量逐步提高，目前已有多家企业通过了农业农村部药品生产质量管理规范（GMP）验收，另有一批生产企业正在按照

GMP 要求进行改造。国内兽药企业开发新产品的能力增强，上市兽药产品的科技含量正在提高。但总的来说，我国的兽药产业仍比较落后，主要存在以下几个问题。其一，生产企业数量多、规模小、生产条件差、科技水平低，尚未形成突出的实力方阵，难以形成强势品牌和规模优势。其二，相互模仿、不思创新，产品开发实力低下，导致整体行业水准远远滞后于国际水平。其三，为了生存而恶性竞争，靠粗制滥造、低价抢滩等手段钻营取巧，尚未形成良好的行业和市场规范。其四，历史性原因导致中国的动物保健品市场容量不小，但并不成熟，大部分的养殖数量仍集中于中小规模的养殖户，他们由于养殖水平低下，对产品质量认识存在偏差，亟待引导和提高。其五，兽药研究开发能力较弱，虽然有关科研单位、高等院校和部分有实力的生产企业均有科研人员在研究开发新兽药，并取得了一定成果。但总体上讲，我国兽药的研究开发能力较弱，与人用药厂或国外同行业比较，差距甚远。随着人民生活水平不断提高，公众对环境卫生、食品安全、生活质量提出了新的要求，对畜禽产品的质量、品质要求也更高，既要安全可口又要营养丰富。因此，今后兽药的研究方向是药物残留量低，药量适当，而药效持久，少用抗生素；兽药原料最好来自大自然中的绿色植物；药物品质要求集治疗、保健双重功效，安全性高，有利于人类健康和环保。因此，动物保键品行业将有广阔的发展前景。

（3）新闻企业信息

1）公司简介。 温氏食品集团股份有限公司（以下简称"温氏股份"），创立于 1983 年，现已发展成一家以畜禽养殖为主业、配套相关业务的跨地区现代农牧企业集团。2015 年 11 月 2 日，温氏股份在深交所挂牌上市。

截至 2022 年 12 月 31 日，温氏股份已在全国 20 多个省（自治区、直辖市）拥有控股公司 403 家、合作农户（家庭农场）约 4.37 万户、员工约 4.93 万名。2022 年温氏股份上市肉猪 1 790.86 万头、肉鸡 10.81 亿只，实现营业收入 837.25 亿元。

温氏股份现为农业产业化国家重点龙头企业、国家级创新型企业，组建有国家生猪种业工程技术研究中心、国家企业技术中心、博士后科研工作站、农业农村部重点实验室等重要科研平台，拥有一支以 20 多名行业专家、60 多名博士为研发带头人的高素质科技人才队伍。

温氏股份掌握畜禽育种、饲料营养、疫病防治等方面的关键核心技术，拥有多项国内外先进的育种技术。截至 2022 年年底，温氏股份及下属控股公司累计获得国家级科技奖项 8 项，省部级科技奖项 78 项，培育畜禽新品种 10 个（其中猪 2 个、鸡 7 个、鸭 1 个），拥有新兽药证书 49 项，国家计算机软件著作权 115 项，拥有有效发明专利 205 项（其中美国发明专利 5 项），实用新型专利 365 项。

2）战略定位。 温氏股份始终坚持以"精诚合作，齐创美满生活"为企业文化的核心理念，与股东、员工及各方合作伙伴一道精诚合作，为推进中国农业产业化作出应有的贡献。温氏集团的总体发展战略是从温氏集团的自身特点出发，依照国家产业政策和畜牧业发展规划，以"精诚合作，齐创美满生活"的温氏企业文化核心理念为行动指南，以养殖业为中心，以管理创新和技术进步为龙头，以产业深化为重点，以动物保健品、食品加工为新增长点，通过优化公司组织结构、投资结构和产品结构，完善区域布局，提升资产质量，促进各产业的可持续发展，走集约化、集团化、高科技成果产业化的经营道路，使温氏集团成为国内外最大的现代化畜牧企业集团之一。

3）公司产品与服务。 温氏现已形成了以养鸡、养猪为主，以养牛、养鸭、蔬菜为辅，以动保、加工、肥业、贸易、农牧设备为配套的 10 大业务体系（图 4－3）。

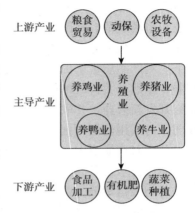

图 4－3　温氏股份产业体系

4.4.3　温氏集团战略行为与战略意图辨析

（1）实践目标

结合新闻材料和新闻背景，应用一体化战略理论和双元创新理论，从企业内外价值链的视角分析、判定新闻背后温氏集团的战略行为与战略意图。

（2）实践任务及要求

勾画温氏集团业务板块的内外部价值链，判定新闻中温氏集团"攻关绿色种养核心技术，推行五大模式"是否属于战略价值创新行为？活动背后的战略意图是什么？

基于价值链分析视角，找寻、规划温氏集团现有一体化业务发展中可能的创新源泉。

判定新闻中展示的公司行为和相关措施如何助力公司战略目标实现？

基于组合管理分析视角，找寻、规划温氏集团在现有的一体化基础上，未来可能的方向选择。

（3）实践组织方法及步骤

首先，4～5 人组建团队，广泛查阅资料，结合新闻和背景材料完成实践任务。

其次，各组将实践任务完成结果整理为调研报告。

最后，展示、汇报，根据调研报告制作 PPT 展示和汇报，并回答其他小组的问题，进行答辩。

（4）实践时间

课中和课后灵活安排，两周内完成。

图书在版编目（CIP）数据

农业院校战略管理实践教学指引 / 石巧君主编. —
北京：中国农业出版社，2023.7
ISBN 978-7-109-30879-4

Ⅰ. ①农…　Ⅱ. ①石…　Ⅲ. ①农业院校－战略管理－
教材　Ⅳ. ①S-4

中国国家版本馆 CIP 数据核字（2023）第 125174 号

中国农业出版社出版

地址：北京市朝阳区麦子店街 18 号楼
邮编：100125
责任编辑：赵　刚　胡晓纯
版式设计：王　晨　责任校对：刘丽香
印刷：三河市国英印务有限公司
版次：2023 年 7 月第 1 版
印次：2023 年 7 月河北第 1 次印刷
发行：新华书店北京发行所
开本：720mm×960mm　1/16
印张：11.75
字数：217 千字
定价：68.00 元